"十四五"职业教育国家规划教材

常用数字影像
设备使用与维护
（第2版）

韩雪涛　主　编

吴　瑛　韩广兴　副主编

电子工业出版社·

Publishing House of Electronics Industry

北京·BEIJING

内 容 简 介

本书根据教育部发布的《中等职业学校专业教学标准（试行）信息技术类（第一辑）》中的相关教学内容和要求编写而成。

本书结合读者的学习习惯和学习特点，将数字影像设备的使用与维护所需要的知识和技能通过项目任务模块的方式进行合理划分，注重学生技能的锻炼。全书分为八个项目：项目一为认识常见的数字影音录放设备，项目二为认识常见的数字影音编辑设备，项目三为了解数码相机的结构组成和工作特点，项目四为掌握数码相机的使用与保养维护方法，项目五为训练检修数码相机的实用技能，项目六为了解数码摄录机的结构组成和工作特点，项目七为掌握数码摄录机的使用与保养维护方法，项目八为训练检修数码摄录机的实用技能。全书内容涵盖了职业技能等级证书的内容，适用于"双证书"教学与实践。

本书是数字媒体技术应用专业的专业核心课程教材，也可作为各类数字媒体技术培训班的教材，还可以供数字媒体方向的入门人员参考学习。

本书配有教学指南、电子教案，详见前言。

未经许可，不得以任何方式复制或抄袭本书之部分或全部内容。
版权所有，侵权必究。

图书在版编目（CIP）数据

常用数字影像设备使用与维护 / 韩雪涛主编. —2 版. —北京：电子工业出版社，2022.5

ISBN 978-7-121-43627-7

Ⅰ. ①常… Ⅱ. ①韩… Ⅲ. ①数字设备—使用方法—中等专业学校—教材 ②数字设备—维修—中等专业学校—教材
Ⅳ. ①TN911.7

中国版本图书馆 CIP 数据核字（2022）第 094400 号

责任编辑：关雅莉
印　　刷：三河市君旺印务有限公司
装　　订：三河市君旺印务有限公司
出版发行：电子工业出版社
　　　　　北京市海淀区万寿路 173 信箱　邮编　100036
开　　本：880×1 230　1/16　印张：12.5　字数：293.8 千字
版　　次：2017 年 7 月第 1 版
　　　　　2022 年 5 月第 2 版
印　　次：2025 年 1 月第 4 次印刷
定　　价：39.00 元

凡所购买电子工业出版社图书有缺损问题，请向购买书店调换。若书店售缺，请与本社发行部联系，联系及邮购电话：（010）88254888，88258888。

质量投诉请发邮件至 zlts@phei.com.cn，盗版侵权举报请发邮件至 dbqq@phei.com.cn。

本书咨询联系方式：（010）88254617，zhangzhp@phei.com.cn。

前言 | PREFACE

为建立健全教育质量保障体系，提高职业教育教学质量，教育部于2014年发布了《中等职业学校专业教学标准（试行）》（以下简称专业教学标准）。专业教学标准是指导和管理中等职业学校教学工作的主要依据，是保证教育教学质量和人才培养规格的纲领性教学文件。《教育部办公厅关于公布首批〈中等职业学校专业教学标准（试行）〉目录的通知》（教职成厅函〔2014〕11号）强调，"专业教学标准是开展专业教学的基本文件，是明确培养目标和规格、组织实施教学、规范教学管理、加强专业建设、开发教材和学习资源的基本依据，是评估教育教学质量的主要标尺，同时也是社会用人单位选用中等职业学校毕业生的重要参考。"

本书特色

为适应职业教育计算机类专业课程改革的要求，本书根据教育部发布的《中等职业学校专业教学标准（试行）信息技术类（第一辑）》中的相关教学内容和要求编写而成。

在结构编排上，本书采用项目式教学理念，以项目为引导，通过任务驱动完成学习和训练。全书根据行业特点将数字影像技术中的实用知识技能进行归纳，按产品类型、结合岗位特征进行项目划分，然后在项目中设置任务，让读者在学习中实践，在实践中锻炼，在案例中丰富实践经验。

在内容选取上，本书充分体现"书证融通""课证融通"理念，对数字影像设备应用的知识和技能进行了充分准备和认真筛选，尽可能以目前社会上的岗位需求作为本书的学习目标，力求能够让读者从书中学到实用、有用的知识和技能。因此，本书所选取的内容均来源于实际的工作，从而使读者可以直接学习工作中的实际案例，非常有针对性，确保学习完本书就能够应对实际的工作，并为获得"智能终端产品调试与维修"职业技能等级证书提供必要的基础知识。

为了达到良好的学习效果，本书在表现形式方面更加多样。书中设置有"图文讲解""提示""资料链接""图解演示"四个板块。知识技能根据其技术难度和特色选择恰当的方式，同时将"图解""图表""图注"等多种表现形式融入知识技能的讲解中，使其更加生动、形象。

课时分配

本书参考学时为 32 学时，详见本书所配的电子教案。

本书作者

本书由韩雪涛担任主编，吴瑛、韩广兴担任副主编。

由于编者水平有限，书中难免存在疏漏和不妥之处，恳请广大读者批评指正。

教学资源

为了方便教师教学，本书还配有教学指南、电子教案等教学资源。请有此需要的教师登录华信教育资源网注册后免费进行下载。

编　者

CONTENTS | 目录

项目一

认识常见的数字影音录放设备

任务模块 1.1　认识数码影音录放设备

目前，市场中主流的数码影音录放设备主要包括数码音响、数码影碟机、智能音箱和数码录音笔等。

新知讲解 1.1.1　数码音响

1. 数码音响的结构特点

数码音响是一种音频处理和输出设备。数码音响主要是由数码音响的主机部分和音箱构成的。

 图文讲解

数码音响的结构组成如图 1-1 所示。

数码音响的主机部分是其核心组成部分，根据其功能特点，主要包括收音部分、CD/DVD部分、MD 播放器（迷你播放器）等。

 图文讲解

打开主机部分的外壳即可以看到各个部分对应的电路板，数码音响的内部结构如图 1-2所示。可以看到，其内部主要是由 CD/DVD/MD 机芯的机械部分和电路板部分构成的。

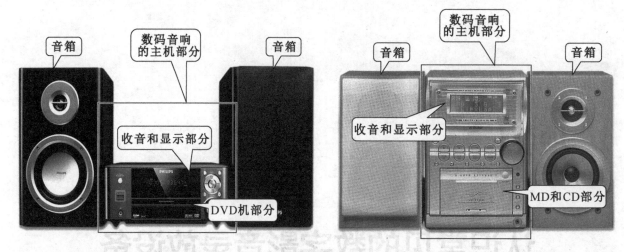

图1-1　数码音响的结构组成

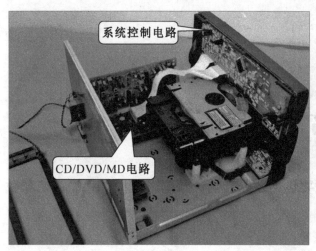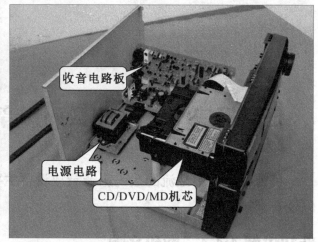

图1-2　数码音响的内部结构

2. 数码音响的种类特点

数码音响设备可以说是将各种音响单元组合在一起，进行统一控制的家庭音乐中心。这种产品早就普及了，但随着音响技术的发展，其内部结构发生了很大变化。早期传统的组合音响大多采用模拟电路，只有其中的 CD 部分采用数字技术。目前，组合音响大多采用了数字技术。收音电路采用了数字调试方式，录音部分采用了微型 MD 光盘机，音频处理采用数字方式，功率放大器也采用数字方式。

 图文讲解

如图 1-3 所示为 CD/MD 组合音响系统，使用它除了能欣赏 CD 光盘或 MD 光盘的节目外，还可以将 CD 光盘上的音乐节目转录到 MD 光盘上。

如图 1-4 所示为 CD、CD-ROM、MD、FM/AM 组合音响系统，它具有 CD 机芯、MD 机芯以及 CD-ROM 解码电路，可读取 CD-ROM 格式的音频信号，还具有 FM/AM 收音电路，品质优良的功放和音箱可再现环绕立体声效果。

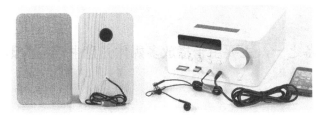

图 1-3　CD/MD 组合音响系统

图 1-4　CD、CD-ROM、MD、FM/AM 组合音响系统

如图 1-5 所示为 CD、双卡 MD 组合音响设备。CD 播放机机芯位于上部，中间是共用的音频处理器和操作控制电路，下部是双卡 MD 机芯，其中一个是 MD 播放机芯，另一个是 MD 录/放兼用机芯。这样的设计目的是 CD、MD 光盘均可转录到 MD 光盘上，录制节目。

如图 1-6 所示为 CD、硬盘和存储卡组合音响系统。CD 是流行的音频光盘，硬盘是大容量存储器，存储卡是便携式存储媒体。这种音响具有网络接口，硬盘可存储高质量音频信号，具有播放、传输、处理和记录音乐节目的功能。

图 1-5　CD、双卡 MD 组合音响设备

图 1-6　CD、硬盘和存储卡组合音响系统

 资料链接

DVD/CD/MD 组合音响系统如图 1-7 所示，具有磁带录音机芯、5 倍速 MD 录音机芯和 5 碟连放的 DVD/CD 机芯。DVD/CD 上的节目还可以按 5 倍速的方式记录到 MD 光盘上。音频信号处理系统具有数码影院、杜比数字环绕立体声的格式。同时还具有视频信号播放和处理电路及输出接口，可配接大屏幕电视或监视器。

图 1-7　DVD/CD/MD 组合音响系统

新知讲解 1.1.2 数码影碟机

1. 数码影碟机的结构特点

数码影碟机是常见的家用数码影音播放设备之一，主要用于播放多媒体光盘中记录的影音信息。

 图文讲解

从外观来看，数码影碟机主要是由外壳、开/关机按键、光盘仓、显示屏、操作按键、音/视频输出接口、VGA 接口等部分构成的。打开外壳后，即可看到其内部的机芯和电路板。数码影碟机的结构组成如图 1-8 所示。

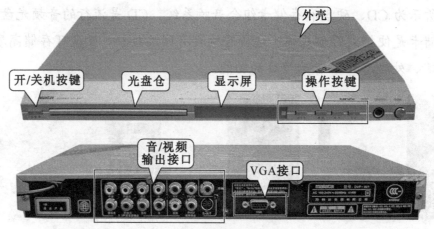

（a）外部结构

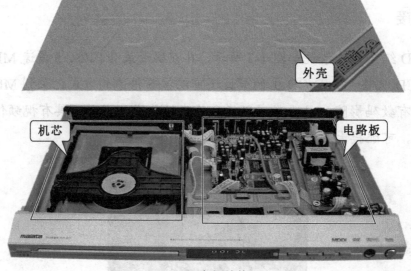

（b）内部结构

图 1-8 数码影碟机的结构组成

2. 数码影碟机的种类特点

根据播放光盘格式的不同,数码影碟机主要有 VCD/DVD 数码影碟机、EVD 数码影碟机、HD DVD 数码影碟机以及蓝光数码影碟机等几种类型。

 图文讲解

数码影碟机如图 1-9 所示。

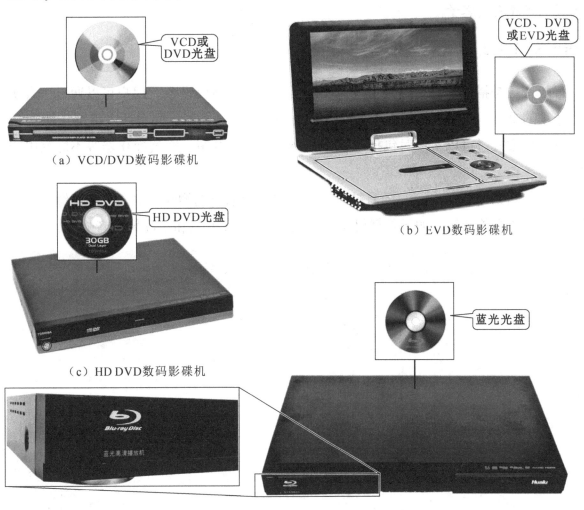

（a）VCD/DVD数码影碟机

（b）EVD数码影碟机

（c）HD DVD数码影碟机

（d）蓝光数码影碟机

图 1-9　数码影碟机

● VCD/DVD 数码影碟机曾是普及范围最广的影碟机之一,其全部采用数字技术,具有成本低、节目源极为丰富的特点。其中,由于 VCD 只能播放 VCD 光盘,而 VCD 光盘存储量少、兼容性较差,因而已基本淘汰;DVD 数码影碟机可以看作 VCD 数码影碟机的升级版,其 DVD 光盘的容量大为提升,且播放的图像质量比 VCD 光盘高很多,也兼容 VCD 光盘,已成为影碟机的主流产品。

● EVD 数码影碟机被称为新一代高密度数字激光视盘系统,全称为增强型多媒体盘片系统（Enhanced Versatile Disk），是 DVD 机的升级产品，采用了 EVD 光盘作为存储介质，并同时兼容 VCD 和 DVD 光盘，首次基于光盘实现了高清晰度数字节目的存储和播放。

● HD DVD（全称为 High Definition DVD）是一种数字光存储格式的蓝紫色光束光盘产品，现在已发展成为高清 DVD 标准之一。

● 蓝光数码影碟机也是一种高清播放器，与普通 DVD 数码影碟机不同的是，它采用蓝色激光读取蓝光光盘上的文件，由于蓝光的波长较短，因而可以读取密度更大的光盘，由此大大提高了光盘的容量。

新知讲解 1.1.3　智能音箱

智能音箱是搭载了对话式人工智能操作系统的影音播放设备。用户可以通过语音实现与智能音箱的交互。智能音箱不仅具备专业级的功放和调音功能，同时还支持 WiFi、蓝牙等多种网络连接方式，可以实现对包括电视、空调、电灯、窗帘、空气净化器等不同家电产品的智能控制。

智能音箱如图 1-10 所示。随着技术的成熟和社会需求的增长，很多厂商相继推出了各自具有代表性的智能音箱，如天猫精灵智能音响、小米 AI 音响和小度智能音响等。

图 1-10　智能音箱

 图文讲解

智能音箱的内部结构如图 1-11 所示。从结构上看，智能音箱主要是由扬声器、控制电路板两部分构成的。在控制电路板上安装了音频放大器、蓝牙芯片、主控芯片等。智能音箱的交互按键、连接端口都与控制电路相连，并由主控芯片控制，通过音频放大器将音频信号放大后驱动扬声器完成影音播放。

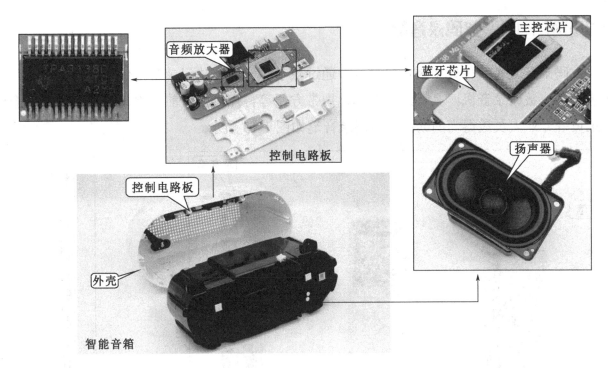

图 1-11 智能音箱的内部结构

 **资料链接**

目前，市面上出现了一系列带屏智能音箱，如图 1-12 所示。这些智能音箱不仅可以播放音频，同时也可以播放视频。由于增添了显示触摸屏，智能音箱的交互方式除语音交互外，还可实现语音、触控、视频等多维度交互方式。

另外，带屏智能音箱还配备摄像头，可用于视频通话、手势操作和监控看家，丰富了智能音箱的使用场景。

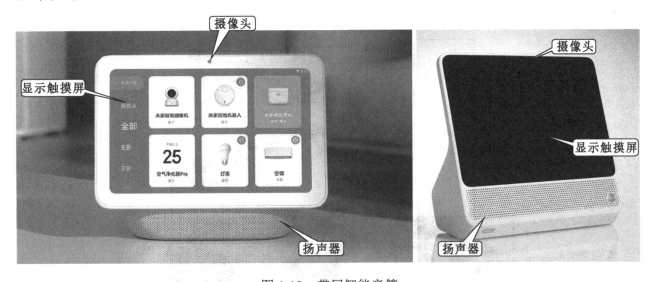

图 1-12 带屏智能音箱

新知讲解 1.1.4 数码录音笔

数码录音笔是一种数字录音器设备，通过数字存储的方法记录音频信息，通常也称为数码录音棒或数码录音机，具有结构简单、携带方便等特点，是目前学生、记者、律师、会议记录员等专业人员最得力的助手。数码录音笔如图 1-13 所示。

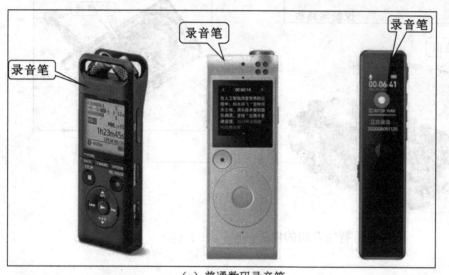

（a）普通数码录音笔

（b）钢笔式数码录音笔

图 1-13　数码录音笔

 图文讲解

从外观来看，数码录音笔主要由显示屏、开机键、操作按键、USB 接口、暂停键、音频输入接口、音频输出接口、扬声器、电池仓等部分构成。数码录音笔的外部结构组成如图 1-14 所示。

图 1-14　数码录音笔的外部结构组成

任务模块 1.2 认识数码影音录放设备的配套设备

新知讲解 1.2.1 充电器和电池

充电器和电池是数码影音录放设备的电能供应设备，特别是数码录音笔等小型数码影音录放设备的必备配套设备。

 图文讲解

数码影音录放设备的充电器和电池如图 1-15 所示。

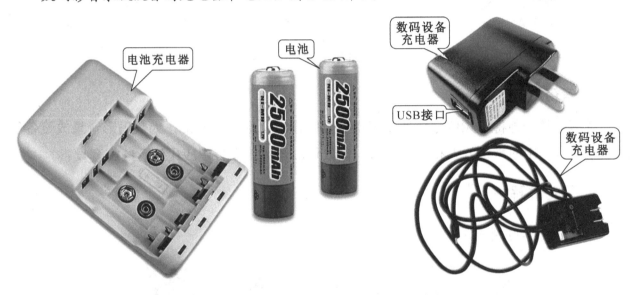

图 1-15　数码影音录放设备的充电器和电池

不同类型的数码影音录放设备所采用的供电形式有所不同，与其匹配的电池及充电器的类型和规格也有所不同，需要根据具体产品的参数信息来配置相应的电池及充电器。

新知讲解 1.2.2 耳机和音箱

1. 耳机

耳机是数码影音录放设备中最基本的配套设备，可与数码影音录放设备的音频输出接口连接，声音由耳机中两个听筒输出，输出声音较小，一般仅限于个人使用。使用耳机，既可防止外界干扰，也可避免外放声音干扰他人，非常方便。

图文讲解

耳机如图 1-16 所示。

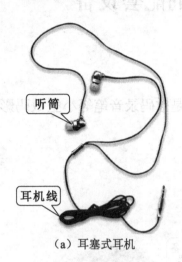 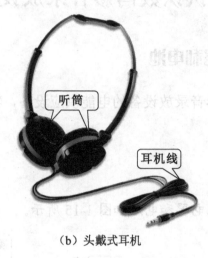 

（a）耳塞式耳机　　　　　　（b）头戴式耳机　　　　　（c）蓝牙耳机

图 1-16　耳机

2. 音箱

音箱也是一种将音频信号转换成声音信号的输出设备，其通常作为数码影音录放设备的终端，具有一定的声音放大和处理能力，是数码影音录放设备中应用广泛的配套设备。

 图文讲解

音箱如图 1-17 所示。

图 1-17　音箱

新知讲解 1.2.3　存储卡和存储器

1. SD 卡

 图文讲解

SD 卡是由松下公司、东芝公司和 SanDisk 公司共同开发研制的存储卡产品。SD 卡可以用于 MP3、数码摄录机、数码相机、电子图书、AV 器材等，尤其是被广泛应用在超薄数码相机上。SD 卡读写速率比 MMC 卡要快一些，同时安全性也更高。SD 卡最大的特点就是具有加密功能，可以保证数据资料的安全、保密。SD 卡如图 1-18 所示。

图 1-18　SD 卡

 资料链接

带 USB 接口的 SD 卡如图 1-19 所示，只要打开保护盖就能直接插入计算机的 USB 接口，使用方便。

图 1-19　带 USB 接口的 SD 卡

2. CF 卡

 图文讲解

CF 卡是目前较为流行的一种数码相机存储设备。它有 I 型卡和 II 型卡两种规格，I 型卡的规格为 36 mm × 43 mm × 3.3 mm；II 型卡则比 I 型卡厚 2 mm，其容量可以进一步扩大。CF 卡是基于快速擦写技术设计的，在数据交换上，CF 卡完全符合 PCMCIA-ATA 接口规范，可以在包括 DOS、Windows、OS/2 以及 UNIX 等诸多操作平台上得到应用。目前，市场上 CF 卡的品牌很多，知名的品牌有 PQI（劲永）、SanDisk、EagleTec（鹰泰）、Transcend（创见）、TwinMOS（勤茂）、Apacer（宇瞻）、Kingston（金士顿）和 KINGMAX（胜创）等。CF 卡如图 1-20 所示。

图 1-20　CF 卡

3. XD 卡

XD 卡体形轻巧、耗电量小，读取速率高达 5MB/s，写入速率高达 3MB/s，消耗电力仅 25 MW。与 CF 卡不同的是，CF 卡容量大读取速率和写入速率会慢一些，而 XD 卡则是容量大的读取速率和写入速率更快。

 图文讲解

如图 1-21 所示，是由奥林巴斯公司发布的 3 款 XD 卡。其中，型号 H 代表高速，属于第三代存储卡产品，其传输速率据称可达到传统 XD 卡的 2～3 倍。

图 1-21　XD 卡

4. MMC 卡

 图文讲解

MMC 卡是金士顿公司在全球率先推出的产品。标准 MMC 卡的尺寸大小为 24 mm×32 mm×1.4 mm，读取速率为 11MB/s，写入速率为 7 MB/s，工作电压仅 3.3V。新标准的 MMC Plus 存储卡由于是基于 MMC 4.0 标准的，因此可广泛用在手机、数码相机和掌上电脑等其他移动数字设备上。MMC 卡如图 1-22 所示。

項目一　認識常見的數字影音錄放設備

图 1-22　MMC 卡

5. 记忆棒

图文讲解

记忆棒是由索尼（SONY）公司独立研制开发的，它的体积只有半块口香糖那么大，使用闪存作为存储介质，具有高度集成和小型化的特点。记忆棒被广泛应用于索尼出品的摄录机、数码相机、Palm、随身听、录音笔和笔记本电脑上，可实现高速率的数据传输，传输速率最高可达到 20MB/s。该记忆棒还具备 MagicGate 版权保护技术，提供了安全地下载和播放具备版权保护内容的环境，提供保护个人资料和绝密资料安全的可能。至今，索尼公司相继推出了 MS、MS Pro、MS Duo 和 MS Pro Duo 等多种类型记忆棒。记忆棒及不同的适配器如图 1-23 所示。

图 1-23　记忆棒及不同的适配器

6. SM 卡

图文讲解

如图 1-24 所示，SM 卡使用闪存技术，它的体积与 CF 卡相比更为小巧，其厚度还不足 1 mm。SM 卡基于 ATA 和 DOS 存档标准，支持多种与计算机的连接方式，其中最具特色的是它支持使用磁盘转换器，通过磁盘转换器，SM 卡就可以像磁盘一样插入计算机进行数据交换。同 CF 卡一样，SM 卡也可以通过读卡器连接到并行打印机端口、USB 端口或 SCSI 端口进行数据传输。

图 1-24　SM 卡

7. 移动硬盘

 图文讲解

移动硬盘具有较大的存储容量，这种设备的体积小巧，多采用 USB、IEEE1394 或 eSATA 接口，能够提供较高的传输速率。移动硬盘如图 1-25 所示，外壳多采用铝合金或塑料材质，具备良好的抗压、抗震、防湿、防静电等特性。为适应用户需求，移动硬盘可以提供 500GB、640GB、900GB、1TB、2TB、4TB 等多种容量选择，而且随着技术的发展，移动硬盘的存储容量越来越大，设备的体积越来越小。

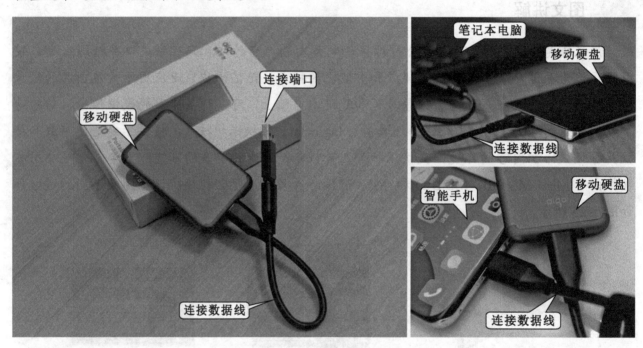

图 1-25　移动硬盘

8. 数码伴侣

 图文讲解

数码伴侣如图 1-26 所示，一般用来保存、浏览数字照片，存储容量较大，通常以 GB 为单位。接口类型大部分采用方便的 USB 2.0。不同品牌的数码伴侣支持的存储卡类型不同，一般都支持 Compact Flash Card type Ⅰ/type Ⅱ、MicroDrive、Secure Digital Card、Multimedia Card 和 SM 等存储卡。

图 1-26　数码伴侣

9．Click!磁盘

 图文讲解

如图 1-27 所示，Click!磁盘是由 Iomega 公司推出的，现在也被称作 PocketZip。它是一种与 CF 卡差不多大小的磁盘，AGFA 公司还专门推出了基于 Click!磁盘的数码相机。

图 1-27　Click!磁盘

10．U 盘

U 盘实际上是一种具有 USB 接口的闪存盘。

 图文讲解

U 盘如图 1-28 所示。这种存储设备使用 USB 接口，可以与具备 USB 接口的数码影音录放设备相连，实现即插即用。

图 1-28　U 盘

U 盘最大的特点就是小巧，因而便于携带，而且随着存储技术的发展，U 盘的存储容量也越来越大，目前常见的 U 盘存储容量为 2GB～1TB，而且规格种类多样。

另外，由于 U 盘采用全密封方式，外壳只有 USB 接口，可以有效地阻止污物、灰尘或其他杂质的侵入，保证了它的耐用性。

项目二

认识常见的数字影音编辑设备

任务模块 2.1 认识数码音频编辑设备

新知讲解 2.1.1 麦克风和麦克风放大器

1. 麦克风

在进行音频编辑之前，首先要进行声音的采集，一般都会需要使用麦克风，它能将声音信号转换成电信号。麦克风一般分为有线麦克风和无线麦克风两种。

 图文讲解

有线麦克风如图 2-1 所示，有线麦克风可通过接口与相应的设备进行连接以实现声音的采集。无线麦克风和便携式调谐器如图 2-2 所示，使用无线麦克风时，一般需要使用调谐器来接收声音信号。将调谐器安装在摄录一体机或相应设备中，即可接收无线麦克风发射的音频信号，并通过调谐器将音频信号传递给相应设备进行记录。

2. 麦克风放大器

 图文讲解

麦克风放大器如图 2-3 所示，它将声音信号转变成电信号后，由于电信号比较微弱，此时可以使用麦克风放大器对微弱的电信号加以放大，放大后的声音信号就可记录到相应的媒介中了。

图 2-1　有线麦克风

（a）无线麦克风　　（b）便携式调谐器

图 2-2　无线麦克风和便携式调谐器

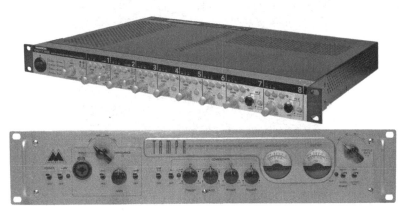

图 2-3　麦克风放大器

新知讲解 2.1.2　录音机

通常使用录音机来录制声音。通过录音机将声音记录到存储卡、硬盘或 CD 光盘等记录媒介上，再通过媒介将声音转存到计算机中，即可使用编辑软件对声音进行处理。下面介绍几种录音机。

1．高精度立体声录音机

高精度立体声录音机采用立体声录音，可将声音录制在 CF 卡上，录音精度一般为 16 比特或 24 比特。由高精度立体声录音机生成的波形文件能够轻松地导入软件中，并将采样精度在工程文件中进行标记。

 图文讲解

HD-P2 便携式高精度立体声录音机如图 2-4 所示。

图 2-4　HD-P2 便携式高精度立体声录音机

2. 数字硬盘录音机

数字硬盘录音机一般可进行 8 轨录音，将声音记录到内置的硬盘中。一般的数字硬盘录音机包含混响处理器，用于混响处理。对于高档的数字硬盘录音机而言，还包含效果处理器，用来处理不同的音质效果。

 图文讲解

DP-01FX/CD 8 轨数字硬盘录音机如图 2-5 所示，带有 Portastudio 接口和 CD 刻录功能。

图 2-5　DP-01FX/CD 8 轨数字硬盘录音机

3. 数字移动录音机

数字移动录音机具有极佳的音质和灵活的编辑性能。数字移动录音机通常用于学生的录制排练。通常，数字移动录音机带有 8 个甚至更多的通道条，可对每个通道进行控制。

 图文讲解

DP-01 8 轨数字移动录音机如图 2-6 所示。

图 2-6　DP-01 8 轨数字移动录音机

4. 数字流录音机

 图文讲解

在录音领域中，人们对录制声音的质量要求越来越高，使得录音机的性能不断改进。DV-RA1000 数字流录音机如图 2-7 所示，它可写入 1b/2.822MHz DSD 流，最终获得存入格式后直接将 24b/PCM 流写入到 DVD+RW 标准的光盘中，即可对音频进行编辑和处理。它可在超高采样率上进行实时录音，适合于高保真爱好者进行现场录音。在 DSD 模式下，频率响应超过 100kHz，动态范围可达到 120dB。

图 2-7　DV-RA1000 数字流录音机

新知讲解 2.1.3　音/视频编辑计算机

1. 音/视频编辑计算机

音/视频编辑计算机是主要的音/视频编辑设备，如图 2-8 所示。无论是音频还是视频，采集后都要在计算机中通过编辑软件进行编辑。进行音/视频编辑的计算机的配置比日常使用的计算机要高很多，必不可少的就是视频采集卡，当声音的质量要求较高时，还需要额外配置高级的声卡。

图 2-8　音/视频编辑计算机

图文讲解

视频采集卡和声卡如图 2-9 所示。对于不同编辑的要求而言，计算机的配置也可不同，视频采集卡的选用也是不同的，对于业余爱好者使用较低配置的计算机和普通的视频采集卡即可进行音/视频的编辑。对于专业的音/视频编辑工作室或电视台等，所使用的计算机的配置很高、视频采集卡及声卡的性能很高，同时价格也昂贵。

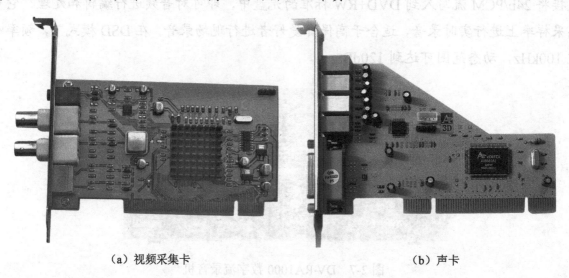

（a）视频采集卡　　　　　　　　　　　　　　　（b）声卡

图 2-9　视频采集卡和声卡

2. 音频接口器

 图文讲解

计算机的音频接口一般采用火线接口，也称为 IEEE1394 接口，它的数据传输速率高。FW-1082 火线/MIDI 接口器如图 2-10 所示。

图 2-10　FW-1082 火线/MIDI 接口器

火线接口的数据传输速率一般为 100Mbps、200Mbps 或 400Mbps 等，其具有多种传输格式，连接灵活，可在计算机运行状态下自由拔插，大大提高了音频传输的质量，能够保证在声音的播放上不会有卡音的现象。目前，大部分火线接口的传输速率都是 400Mbps 的，这种传输速率已经完全可以满足音乐人的制作需求。如果对传输速率的要求更高，可选择传输速率为 800Mbps 的火线接口，其传输速率高于 USB 接口。

新知讲解 2.1.4　数字调音台和数字音/视频切换台

1．数字调音台

数字调音台在扩声系统和电视节目制作中经常使用，它具有多个通道进行声音的输入和输出，每个通道的声音信号可以单独进行处理。例如，可放大音量，做高音、中音、低音方面的音质补偿，给输入的声音增加韵味，对该路声源进行空间定位等。数字调音台还可以实现对各种声音的混合，混合的比例也可进行调整。数字调音台拥有多种输出方式（包括左右立体声输出、编辑输出、混合单声输出、监听输出、录音输出以及各种辅助输出等）。有的数字调音台还有内置工作站对声音进行控制，使用起来更加简便。

 图文讲解

DM-3200 32 通道数字混音调音台如图 2-11 所示。调音台在诸多系统中起着核心作用，它既能创作立体声、美化声音，又可以抑制噪声、控制音量。调音台是声音处理中必不可少的设备。

2．数字音/视频切换台

 图文讲解

典型的数字音/视频切换台如图 2-12 所示，它是切换台的一种，在进行电视节目制作和播出时，使用数字音/视频切换台可实现在不同数字音/视频节目之间进行切换。

图 2-11　DM-3200 32 通道数字混音调音台

图 2-12　典型的数字音/视频切换台

任务模块 2.2 认识数码视频编辑设备

新知讲解 2.2.1 数码摄录机和数码相机

1. 数码摄录机

目前，用于视频编辑设备中的摄录机主要为数码摄录机，在数码摄录机中大多使用的为数码摄录一体机。数码摄录一体机是视频编辑设备中视频素材采集的主要设备。

 图文讲解

数码摄录一体机如图 2-13。通过数码摄录一体机可将拍摄的视频素材直接传输到计算机中，通过音/视频编辑软件对音/视频素材进行编辑。数码摄录一体机的种类也比较多，根据存储介质的不同可分为磁带数码摄录一体机、光盘数码摄录一体机和硬盘（存储卡）数码摄录一体机。

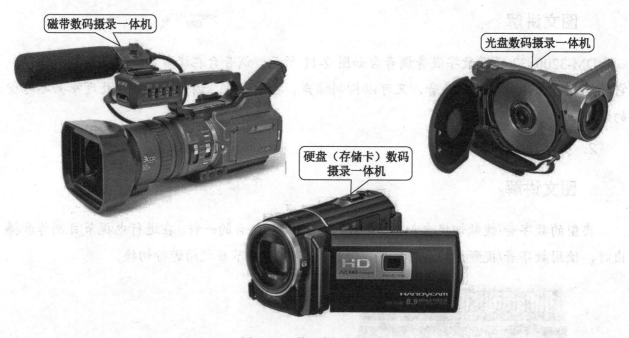

磁带数码摄录一体机

光盘数码摄录一体机

硬盘（存储卡）数码摄录一体机

图 2-13 数码摄录一体机

2. 数码相机

数码相机英文全称：Digital Still Camera（DSC），简称：Digital Camera（DC），是一种利用图像传感器把光学影像转换成电子数据的照相机。随着工艺技术的完善，数码相机不仅具有拍摄静态图像的功能，同时也可以拍摄动态影像。

 图文讲解

数码相机如图 2-14 所示。目前，比较流行的数码相机有普通数码相机（卡片式）、微单

数码相机、数码单反相机等。

普通数码相机（卡片式）

微单数码相机

数码单反相机

图 2-14　数码相机

 资料链接

运动相机如图 2-15 所示，是专门用于运动拍摄的数码产品。运动相机体积小巧，具备较好的防震性能，能确保拍摄画面的稳定性。为便于运动拍摄，运动相机不仅可附加防尘、防水等保护措施，而且还便于安装在其他运动设备上，以达到最佳的运动拍摄效果。在拍摄功能上，运动相机可与其他数码设备通过网络连接，实现延时拍摄、高速拍摄、夜景拍摄等多种拍摄功能。

防护壳

无人机
运动相机

运动相机
肩带

运动相机

运动相机
腕带

运动相机
帽子

图 2-15　运动相机

新知讲解 2.2.2 编辑控制器和编辑机

1. 编辑控制器

在音/视频编辑系统中，编辑控制器的主要作用是控制摄录一体机、放像机、录像机等音/视频素材采集设备。

 图文讲解

编辑控制器如图 2-16 所示。一台编辑控制器可控制多台摄录一体机、放像机，并且允许同时进行多路视频的制作，可以存储多个事件并允许连续自动编辑，编辑过的数据可保存在存储器或计算机中。编辑控制器配有键盘，可为输入编辑点提供便利。

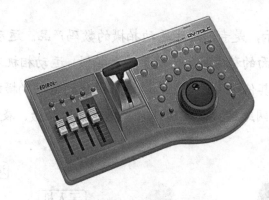

图 2-16 编辑控制器

编辑控制器可以进行多路音频的编辑，可以对音频进行分离编辑，具有时间码功能。编辑控制器也可以进行简易模式的设置，有些编辑控制器还具有遥控端子，可以与录像机连接，与编辑控制器连接的录像机可以由编辑控制器的控制面板作为记录源。编辑控制器还能制作简单的特技效果，具有内置记忆系统，可存储多个编辑点。

2. 编辑机

编辑机实际上是录像机、监视器和编辑控制器的组合产品。

 图文讲解

便携式编辑机如图 2-17 所示。便携式编辑机具有小巧、轻便、便携的特性。编辑机可以进行室内制作，也可以与外部设备的主控机连接，控制外部录像机，还可以对归档素材进行编辑。使用编辑机也可对音/视频素材进行多点编辑，有些编辑机在进行多点编辑时还可在监视器上显示编辑的数据，以便进行实时编辑设置和细节参数调整。有些编辑机提供插入编辑模式，在此模式中，可通过麦克风输入音频，添加解说。在剪裁过程中，如果视频与音频发生位移，可用视频或音频任一作为基准，对相应素材进行编辑。

图 2-17　便携式编辑机

编辑机可以进行控制码的编辑，计数器还可以切换成显示磁带剩余的时间。有些编辑机还提供快速、便捷的编辑功能，包括定位、微调（+/−）、最后编辑点、预览/复审等。

 资料链接

目前，市场上也有集录像功能和放像功能于一体的录/放像机，如图 2-18 所示。

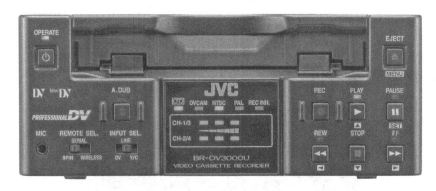

图 2-18　录/放像机

新知讲解 2.2.3　切换台

在节目编辑制作、现场直播时，由于会使用两台甚至多台摄录机从不同的角度进行录制，在不同角度切换时就需要使用切换台。切换台可轻松地实现多台摄录机之间拍摄节目的切换。目前，所使用的切换台主要分为多格式切换台、数字制作切换台和多功能数字特技切换台等。

1. 多格式切换台

多格式切换台一般具有全功能键和下游键，每个全功能键都可设置为线性键、亮键、色键和模式键，并且具有边缘调整和遮挡的功能。

图文讲解

多格式切换台如图 2-19 所示。有的多格式切换台还具有 M/E 划像功能,支持快拍和宏调用。宏调用是指设计一系列编辑操作,然后设置到控制面板的按键上,用于以后便捷地调用。使用多格式切换台可方便、快捷地将摄像素材、图像、文档等信息内容整合。

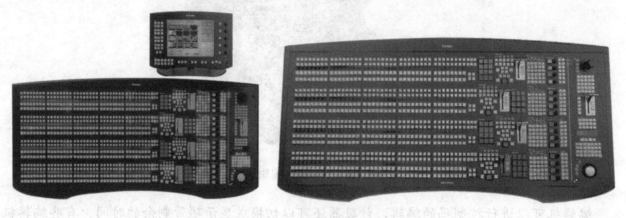

图 2-19　多格式切换台

 提示

多格式切换台 GUI 控制器如图 2-20 所示。通过 GUI 控制器可以直观地查看多格式切换台的控制情况。

图 2-20　多格式切换台 GUI 控制器

 资料链接

有些多格式切换台还配备了辅助面板,以便于对切换台进行控制,切换台辅助面板如图 2-21 所示。

图 2-21 切换台辅助面板

2. 数字制作切换台

 图文讲解

数字制作切换台可以进行影像编辑、字幕制作等。数字制作切换台拥有多个通道的内置数字特技，能够满足复杂视频特效的制作需要。数字制作切换台如图 2-22 所示。

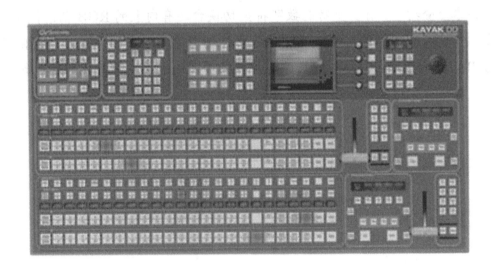

图 2-22 数字制作切换台

3. 多功能数字特技切换台

 图文讲解

多功能数字特技切换台如图 2-23 所示，可以进行多种影像格式的转换，同时支持模拟和数字影像的输出。

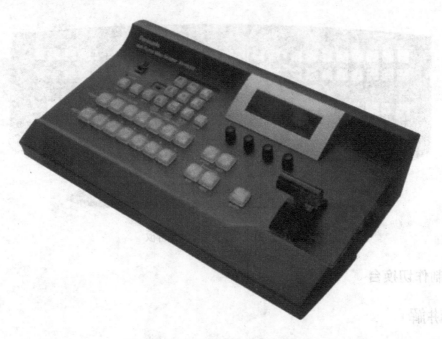

图 2-23　多功能数字特技切换台

　　有些多功能数字特技切换台提供数字 YUV 输出/输入界面，可以连接到计算机制作字幕或进行数字影像重叠输出。有些多功能数字特技切换台还有内置的 RGB 颜色校正器，可以使操作人员修正各输入端的影像信号，还可以随意控制影像马赛克的位置，并提供多种数字特技，如 A/B Roll、子母画面、格放效果、负片效果等，而且多功能数字特技切换台提供了多个功能键，可以进行预设特效，使操作更加简单。

项目三

了解数码相机的结构组成和工作特点

任务模块 3.1　了解数码相机的结构组成

新知讲解 3.1.1　了解数码相机的种类特点

从功能上看，数码相机和胶片相机一样，都是用来拍摄景物图像的。与胶片相机不同的是，数码相机是一个全数字化的电子产品，它所拍摄的景物图像完全是以数字信息的形式存储和传输的。

 图文讲解

胶片相机与数码相机成像过程的差别如图 3-1 所示。数码相机拍摄的景物图像通过镜头投射到 CCD 图像传感器上，经 CCD 图像传感器将所拍摄景物的图像转换成电信号，经数字信号处理电路压缩处理后，生成计算机能够编辑处理的文件格式，输出到存储器（电子存储介质）。

随着工艺技术的完善，数码相机的价格越来越趋近平民化，其种类和机型也较多，目前比较流行的数码相机有普通（卡片）、数码单反、微单等。

1. 普通数码相机

普通数码相机是指体积较小、重量较轻的数码相机，也被称为"卡片机"。由于卡片机的机身超薄可以随身携带、外形设计时尚以及价格相对便宜，因而深受消费者喜爱。

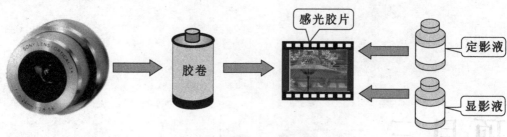

（a）胶片相机的成像过程

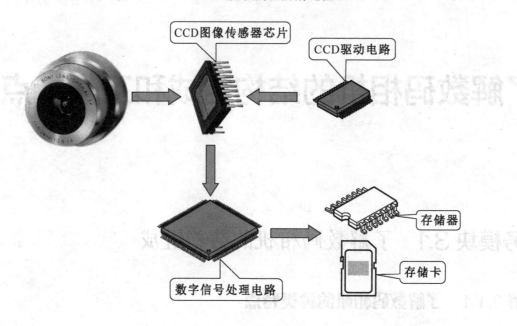

（b）数码相机的成像过程

图 3-1　胶片相机与数码相机成像过程的差别

 图文讲解

普通数码相机拥有拍照、短篇摄像、曝光补偿、区域或点测光、清晰度与对比度调整等各项基本功能，而且其操作较为简便。普通数码相机（卡片机）如图 3-2 所示。

普通数码相机受造价与体积的限制，对其功能有一定的限制，所以只适合家庭和业余摄影爱好者使用。

2. 数码单反相机

数码单反相机全称为数码单镜头反光相机（Digital Single Lens Reflex Camera），简称 DSLR 相机。这种数码单反相机与普通数码相机（卡片机）相比，其体积更大，重量更重。

图 3-2　普通数码相机（卡片机）

 图文讲解

　　数码单反相机最大的特点就是拍摄者可以根据自己的需求对数码单反相机的镜头进行更换，同时，数码单反相机拥有高清晰度的 CCD/CMOS 图像传感器和较强的图像处理芯片，可以采集并处理高清晰度的图像信号。数码单反相机还拥有敏捷的自动调整功能及强大的手动控制能力等。数码单反相机如图 3-3 所示。

图 3-3　数码单反相机

因为数码单反相机的价格高，体积大，而且在使用时需要具备一定的专业知识与技巧，否则无法发挥其性能，所以数码单反相机并不适合所有的消费者。在对数码相机进行选购时，应当了解个人需求，不要一味追求高质量的成像效果。

3. 微单数码相机

 图文讲解

微单数码相机是指将普通数码相机的机身与单反相机的镜头相结合的数码相机，如图 3-4 所示。微单数码相机与数码单反相机一样选用了高品质的图像传感器芯片，但由于机身体积的原因，微单数码相机取消了光学取景器，即取消了光路中的棱镜与反光镜，缩小了镜头与图像传感器芯片之间的距离。因此，微单数码相机拥有比数码单反相机更小巧的机身，也保证了成像画质与数码单反相机基本相同，适合对摄影要求较高而又希望携带便捷的消费者选购。

图 3-4　微单数码相机

提示

有的微单数码相机的镜头只能更换该厂商为其特定设计的专用镜头。

新知讲解 3.1.2　了解数码相机的相关配套设备

数码相机有很多与其配套的设备，如镜头、三脚架、滤镜、外接快门、外置手柄、闪光灯、存储卡、电池等。它们对数码相机分别起着不同的作用，可以使成像达到拍摄者预想的要求。

1．镜头

镜头一般应用在数码单反相机与微单数码相机中。在选购镜头时，应当注意镜头的连接口径与数码相机的镜头卡口尺寸是否相符，一般是相同品牌的兼容性较大。镜头一般又可以分为定焦镜头、变焦镜头、长焦镜头和广角镜头等。

（1）定焦镜头

定焦镜头无法通过改变焦距而改变景深，多适用于拍摄人像、室内景观等近距离场景。若需要拍摄距离较远的物体时，只能通过拍摄者自行调整景深距离实现理想的拍摄效果。

 图文讲解

佳能 EF 50 mm F/1.8 定焦镜头如图 3-5 所示，是由 5 组 6 片透镜组成的，定位于 35 mm 全画幅镜头，镜头卡口为佳能 EF 卡口。

佳能EF卡口

图 3-5　佳能 EF 50 mm F/1.8 定焦镜头

（2）变焦镜头

变焦镜头可以通过改变焦距来改变景深，多用于拍摄风景、室内人像等。

 图文讲解

尼康 AF-S DX 尼克尔 18-105mm F/3.5-5.6 的 5.8 倍变焦镜头如图 3-6 所示，该镜头是由 11 组 15 片（包含 1 片 ED 玻璃镜片和 1 片非球面镜片）透镜组成的，镜头卡口为尼康 F 卡口。该镜头具有防抖功能，内置宁静波动电机（SWM）提供了安静、快速的自动对焦，并且十分精确。

尼康F卡口

图 3-6　尼康 AF-S DX 尼克尔 18-105mm F/3.5-5.6 的 5.8 倍变焦镜头

变焦镜头是由聚焦透镜、可变焦距的透镜（变焦透镜）、辅助聚焦透镜和成像透镜等多组透镜组成的。所有的透镜都安装在同一轴线上，并且可以根据焦距的变化改变透镜组的位置。变焦镜头的内部结构如图 3-7 所示。

透镜组

变焦投影可以前后移动

图 3-7　变焦镜头的内部结构

 资料链接

变焦镜头能够在保持良好焦距的条件下放大和缩小图像，主要是通过专门控制的变焦镜头驱动电机使镜头前面的部分在轴向伸长和缩短。在短焦距时放大了景物范围，具有广角效果，即景物范围大，在长焦距时放大了局部景物，具有特写的效果。焦距越短所拍摄景物的范围越大，焦距越长所能拍摄的景物范围越小。变焦镜头焦点的距离与图像角度的关系如图 3-8 所示。

镜头的最短焦距和最长焦距之比称为变焦比。例如，镜头的最短焦距为 18 mm，最长焦距为 105 mm，则变焦比为 5.8，即 5.8 倍的变焦镜头。

APS 画幅镜头是相对于 135 全画幅镜头而言的，APS 画幅是将原有的 135 全画幅进行截取选择，使其比例改变，APS 画幅的镜头可以使用在全画幅的相机上，而全画幅的镜头则无法在 APS 画幅的相机上发挥其所有的特质。

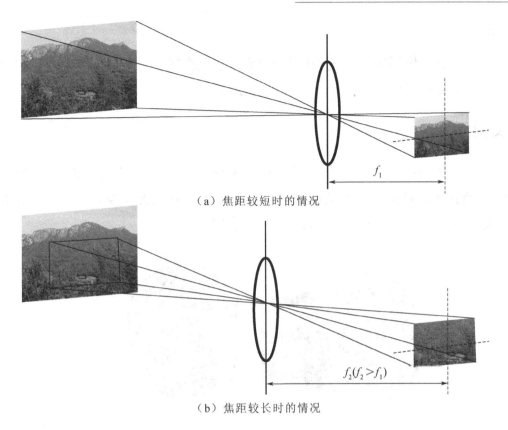

（a）焦距较短时的情况

（b）焦距较长时的情况

图 3-8　变焦镜头焦点的距离与图像角度的关系

（3）长焦镜头

长焦镜头在体育摄影、人像摄影、风光摄影等各个领域均有广泛的应用。它可以将远处的物体进行放大，但其拍摄较近的物体时无法进行聚焦。

 图文讲解

如图 3-9 所示为佳能 EF 70-200mm F/2.8 长焦镜头，它是由 19 组 23 片镜片组成的，定位于 135 mm 全画幅镜头；镜头卡口为佳能 EF 卡口。该镜头是一款明亮的最大光圈大口径远摄变焦镜头，具有防抖功能，内置 USM（超声波电机）驱动，可以快速对焦并准确捕捉快门时机。

佳能EF卡口

图 3-9　佳能 EF 70-200mm F/2.8 长焦镜头

（4）广角镜头

广角镜头多用于人像摄影与风光摄影等领域，对近景范围拍摄有扩展功能，拍摄的景物范围较宽。但该镜头拍摄较近物体时会发生失真现象。

 图文讲解

腾龙 SP AF 10-24 mm F/3.5-4.5 广角镜头如图 3-10 所示，该镜头由 9 组 12 片镜片组成，定位于 APS 画幅镜头，镜头卡口为尼康 F 卡口。该镜头是一款大口径广角镜头，具有防抖功能，内置电机驱动，可以快速对焦并准确捕捉快门时机。

尼康F卡口

图 3-10　腾龙 SP AF 10-24 mm F/3.5-4.5 广角镜头

2．三脚架

三脚架主要用于稳定相机，使相机可以达到设定的拍照效果，是摄影爱好者的必备设备。在夜景拍摄、风景拍摄、微距拍摄等需要长时间曝光或长时间拍摄时使用。目前，市场比较常见的三脚架材质有铝合金、不锈钢、镁合金和碳纤维复合材料等，比较受消费者欢迎的材质为铝合金和镁合金，其牢固性能较强，重量相对于不锈钢三脚架也要轻很多，而且价格低于碳纤维复合材料。碳纤维复合材料的三脚架稳定性极高，而且同体积的碳纤维复合材料相对于铝合金或镁合金重量要轻，但价格更贵。

 图文讲解

三脚架如图 3-11 所示，主要是由伸缩脚架主体、云台、固定手柄、支脚锁扣等组合而成的。不同的三脚架伸缩节数也有所不同，较为稳定的有两节伸缩脚架、3 节伸缩脚架、4 节伸缩脚架；若伸缩的节数过多，三脚架的稳定性能会有所下降。支脚锁扣也有所不同，比较常见的有扳扣式与螺旋式的支脚锁扣，扳扣式支脚锁扣长时间使用会出现松弛的现象，而螺旋式支脚锁扣较为稳定。

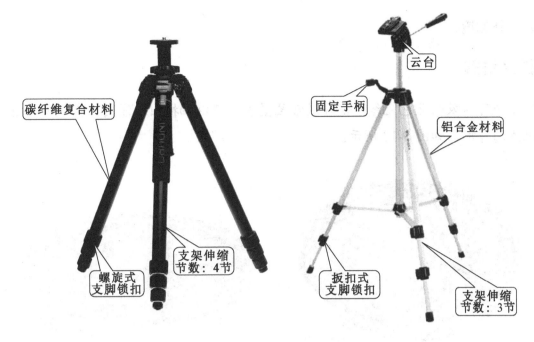

图 3-11 三脚架

3．滤镜

在相机上使用滤镜可以提高拍摄效果，也可以起到保护镜头的作用。目前，比较常见的滤镜有 UV 滤镜、红外滤镜、近景滤镜、偏振滤光镜等。不同的滤镜所能达到的拍摄效果不同，可以根据拍摄者的需求进行选择。

（1）UV 滤镜

 图文讲解

UV 滤镜主要吸收紫外线，也可以防止镜头沾染灰尘和污渍。该镜片无色透明，多用于阴天和雨天等环境下的拍摄，如图 3-12 所示。由于不同厂商生产的镜头口径不同，所以在选择 UV 滤镜时，应当根据镜头的尺寸选择合适的口径。

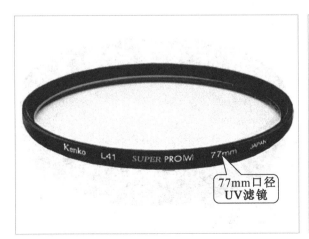

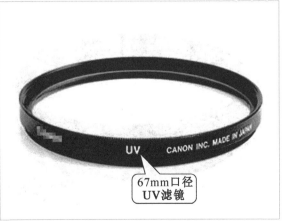

图 3-12 UV 滤镜

（2）红外滤镜

 图文讲解

红外滤镜可以吸收蓝色光线，镜片通常呈墨色，可以拍摄出浪漫的天空效果，也可以起到保护镜头的作用，如图3-13所示。

图 3-13　红外滤镜

（3）近景滤镜

 图文讲解

近景滤镜用于拍摄，可以在一定程度上将距离拉近。近景滤镜正面凸起，背面凹进，外形很像放大镜，呈透明色，如图3-14所示。在标准镜头前附加一枚近景滤镜，其焦距就会立刻发生变化，因为近景滤镜凹进的背面可以一定程度地减少像场弯曲。通常近景滤镜按屈光度标定，如+1、+2、+3等。屈光度数值越大，放大倍率也就越高。这种镜片在操作时可不做曝光补偿调整，能够单独或组合使用，非常便利并且价格便宜。但是，近景滤镜的像差不能完全消除，由于景深变浅可能还会轻微地影响到照片的清晰度。

图 3-14　近景滤镜

（4）偏振滤光镜

在摄影过程中，偏振滤光镜可能是使用最多的一种滤镜，其镜片呈深灰色，由两块平行安置的镜片构成，在玻璃片之间有一层经过定向处理的晶体薄膜，从外形上看比一般的滤镜略显厚些。

 图文讲解

偏振滤光镜如图 3-15 所示。它的两片镜片可以相对旋转，从而可消除反射光和光斑。偏振滤光镜可滤掉天空中的偏振光，使景物和天空的对比更加清晰、真实。除此之外，还可以消除非金属表面的反射光。

图 3-15　偏振滤光镜

4．外接快门

 图文讲解

外接快门如图 3-16 所示，可以远距离控制数码相机进行拍照、曝光、连拍等操作。早期的气压式外接快门，可以通过挤压气球产生压力推动远端快门达到拍照目的，该方式稳定性较低，而且只能控制拍照，无法调节曝光参数等。目前，市场上比较常见的外置快门是钢索式外接快门，可以与机身快门线上的螺旋孔紧密结合，不仅可以完成气压式快门同样的操作设置，而且还可以调节曝光，调整定时拍照的时间等设置，可靠性进一步提高。更为先进的遥控式外接快门已经不受控制线的长度限制，可以通过遥控器对其进行操作。

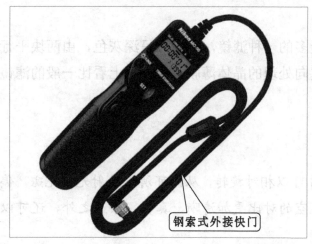

钢索式外接快门

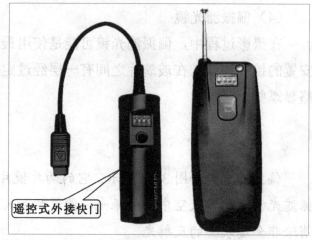

遥控式外接快门

图 3-16　外接快门

5. 外置手柄

图文讲解

外置手柄如图 3-17 所示，多用于数码单反相机上。通常，可以将外置手柄与数码单反相机底部的螺丝孔进行连接，能够在竖拍时增强相机的稳定性。手柄上带有竖拍快门，拍摄时更便利。手柄内部一般可以安装电池组，能够增强数码单反相机的续航能力。

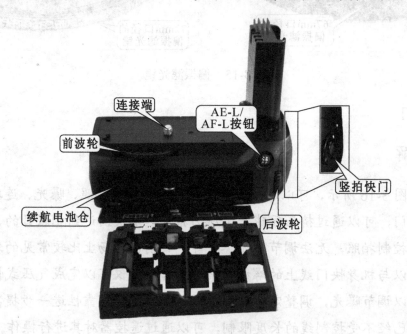

连接端

AE-L/
AF-L按钮

前波轮

竖拍快门

续航电池仓

后波轮

图 3-17　外置手柄

6．闪光灯

闪光灯可以在短时间内发出高强度的光线，适合在光线较暗的场合使用，可以对拍摄对象进行局部补光。闪光灯可以改善被拍摄物体的照明条件，也可以减小或加大拍摄物体的反差。在大多数数码相机上都设有内置闪光灯，但由于其闪光量与闪光的有效距离有时无法达到拍摄者的需求，可以通过外置的闪光灯达到所需效果。

 图文讲解

闪光灯如图 3-18 所示，可以分为环形微距闪光灯与普通外置闪光灯。环形微距闪光灯适用于拍摄较小的物体，普通外置闪光灯可以用于拍摄相对较大的物体。

图 3-18　闪光灯

7．存储卡

数码相机中的存储卡是用来存储拍摄的数码照片的，多数数码相机在购买时都会附带一张存储卡，但是由于存储卡的空间有限，所以需要为数码相机添置额外的存储卡。目前，数码相机中使用较多的有 SD 卡、SDHC 卡、记忆棒、XD 卡等。

 图文讲解

数码相机常用的存储卡如图 3-19 所示。SD 卡的特点是通过加密功能，保证数据资料的安全保密，防止数据丢失。SDHC 卡的特点是高存储量，拥有 2GB～32GB 存储空间。记忆棒带有写保护开关，可以进行高速存储。XD 卡的读取速率与写入速率较快，而且耗电量较低。不同品牌的存储卡与数码相机之间存在着兼容问题。当不兼容时，存储卡的读取速率与写入速率较慢，也容易出现损坏的现象，所以在购买存储卡时应当了解数码相机与存储卡对应的型号及厂家，也可以带上数码相机进行试机。

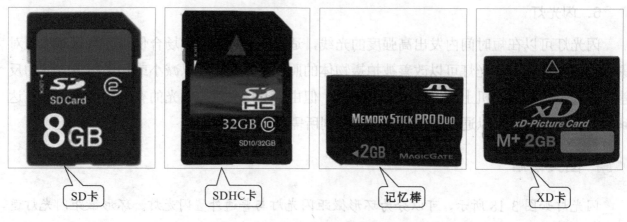

图 3-19　数码相机常用的存储卡

8. 电池

 图文讲解

电池如图 3-20 所示，是为数码相机提供续航能力的重要设备，由于数码相机工作时需要使用电力，而且很多数码相机拥有一个很大尺寸的液晶屏，因此耗电量相对较大。所以在选择电池时，应当选择锂电池或镍氢电池，尽量不使用碱性电池。不同的数码相机使用的电池形状、工作电压、接口等存在差异，因此应选择与之匹配的电池。

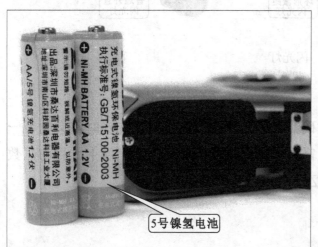

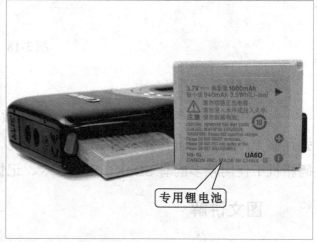

图 3-20　电池

✔ 提示

有的数码相机可以使用通用的 5 号电池，但在选择 5 号电池时，也应当注意到电池的容量与电压是否可以为数码相机进行正常供电。

新知讲解 3.1.3 了解数码相机的结构

1. 数码相机的外部结构

数码相机的种类虽然各不相同，但其外部结构大致相同，基本都是由功能按键（如模式选择轮、操作按键、快门按键、镜头设置钮）、闪光灯、取景器、电池仓、存储卡插槽、数据线接口以及 LCD 液晶屏等部件构成的。

（1）可伸缩镜头卡片数码相机

 图文讲解

如图 3-21 所示为可伸缩镜头卡片数码相机的外部结构。该相机由电源按键、闪光灯、变焦调整轮、快门按键、可伸缩镜头、LCD 液晶显示屏、操作按键、存储卡插槽、电池仓、三脚架固定槽、数据线接口等组成。

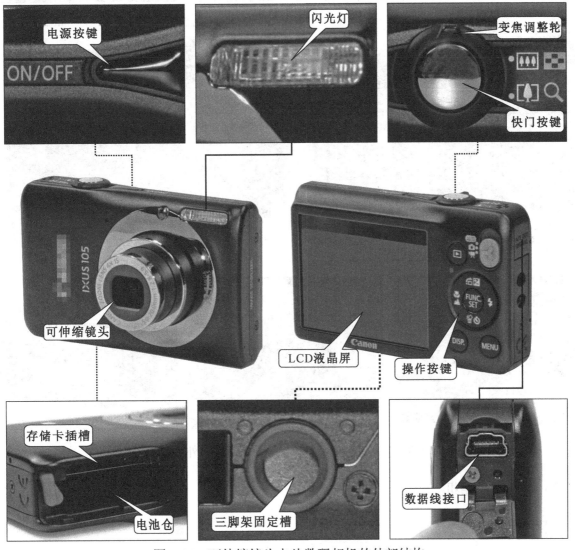

图 3-21 可伸缩镜头卡片数码相机的外部结构

（2）内置微调镜头卡片数码相机

 图文讲解

内置微调镜头卡片数码相机的外部结构如图 3-22 所示，该相机由闪光灯、电源按键、快门按键、变焦调整键、镜头护盖（带有电源开关功能）、内置微调镜头、LCD 液晶屏（带有触摸控制功能）、数据线接口、三脚架固定槽、电池仓、存储卡插槽等构成。

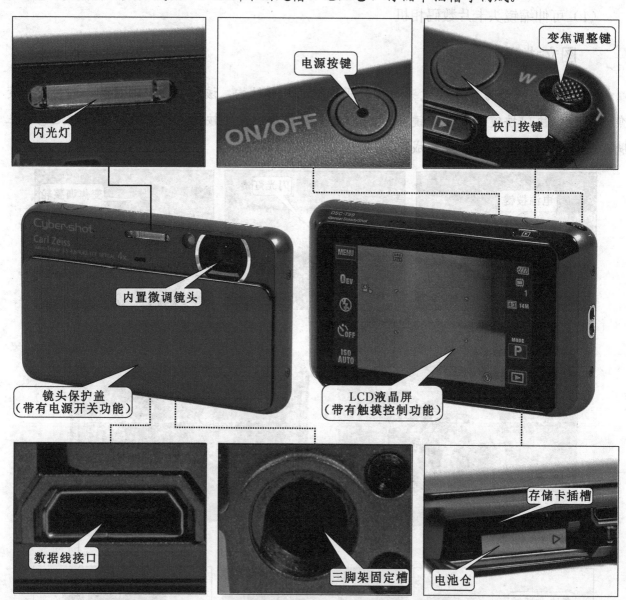

图 3-22　内置微调镜头卡片数码相机的外部结构

（3）数码单反相机

 图文讲解

数码单反相机的外部结构如图 3-23 所示。该相机是由取景器、热靴槽、闪光灯、模式选择轮与电源开关、LCD 液晶屏、操作按键、参数显示屏、快门按键、外置镜头、镜头安装钮、存储卡插槽、电池仓、数据接口等构成。

图 3-23　数码单反相机的外部结构

2．数码相机的内部结构

不论是哪种类型的数码相机，在镜头后面都安装了 CCD 图像传感器芯片。当镜头对准景物时，景物的光图像会穿过镜头照射到 CCD 图像传感器芯片的感光面上，CCD 图像传感器芯片便会将光图像变成电信号，即图像信号。图像信号经过控制电路变成数码图像信号后存入存储卡中，人们可以通过 LCD 液晶屏进行查看，也可以通过数据接口连接数据线将数据输出到计算机中，通过显示器进行查看。

 图文讲解

　　可伸缩镜头卡片数码相机的内部构造如图 3-24 所示。内置微调镜头卡片数码相机的内部构造如图 3-25 所示。数码单反相机的内部构造如图 3-26 所示。

图 3-24　可伸缩镜头卡片数码相机的内部构造

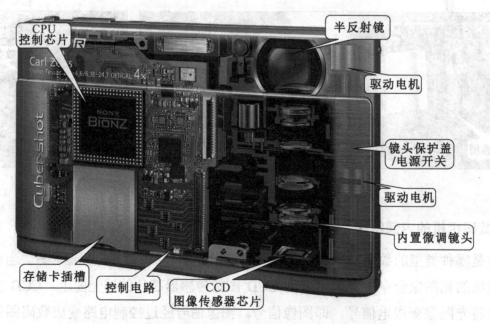

图 3-25　内置微调镜头卡片数码相机的内部构造

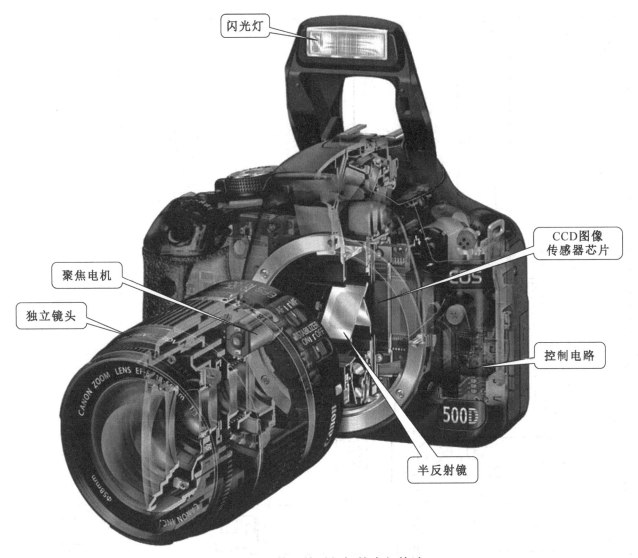

图 3-26　数码单反相机的内部构造

任务模块 3.2　了解数码相机的工作特点

新知讲解 3.2.1　了解数码相机的电路组成

数码相机的电路组成基本相同，并且电路的工作原理也基本相同。数码相机内部的电路主要由成像电路、操作显示电路、供电电路、存储电路和控制电路等组成。但由于生产厂商不同、型号区别，其内部电路结构和集成芯片的型号有很大的不同，下面以典型可伸缩镜头卡片数码相机为例进行讲解。数码相机的整机电路结构如图 3-27 所示。

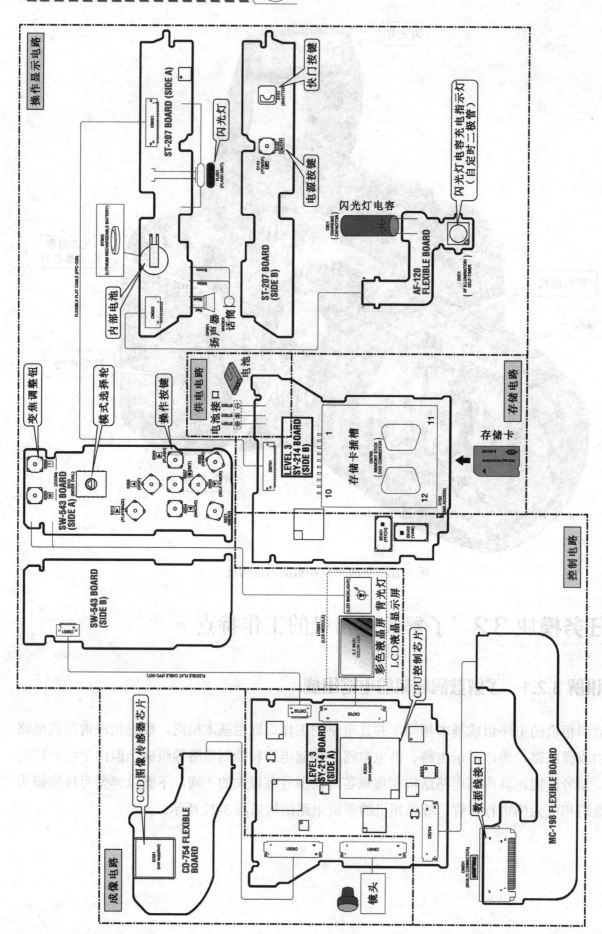

操作显示电路

存储电路

控制电路

成像电路

图 3-27　数码相机的整机电路结构

1. 成像电路

 图文讲解

数码相机的成像电路包括镜头模块和 CCD 图像传感器芯片，如图 3-28 所示。其中，镜头模块包括护圈、快门、光圈、聚焦电机、快门电机、复位传感器、齿轮、变焦速度传感器、变焦电机、光圈电机等。

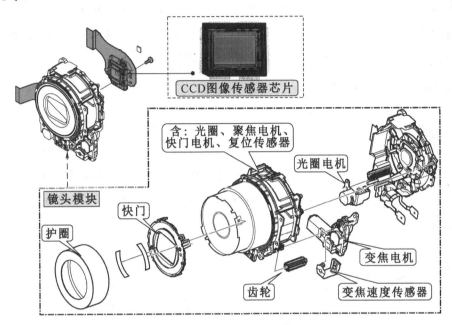

图 3-28　数码相机的成像电路

2. 操作显示电路

 图文讲解

操作显示电路是数码相机中体积较小、功能较单一的电路单元，主要用于输入人工操作指令信号，调整和设置显示器的显示参数等。数码相机中的操作显示电路如图 3-29 所示。

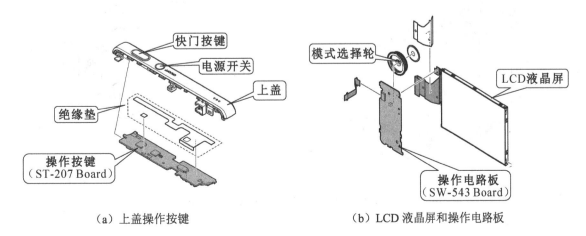

（a）上盖操作按键　　　　　　　　　　（b）LCD 液晶屏和操作电路板

图 3-29　数码相机中的操作显示电路

3．供电电路

数码相机电路板的集成度比较高，通常各个模块电路都分布在同一块电路板上。其中，供电电路是为整机提供工作电压的部分，目前多数数码相机采用的是电池供电，通过电池接口与电路板连接。

4．存储电路

存储电路实际上就是存储卡插槽和存储卡的统称。存储卡插槽是用于安装存储卡的唯一接口，在电路板上看到的较大金属接口就是存储卡插槽。不同品牌、不同规格的数码相机所使用的存储卡也不尽相同，因此存储卡插槽也各不相同。

5．控制电路

 图文讲解

数码相机控制电路的功能非常强大，包括电机驱动电路、镜头驱动、AV 信号处理、数字信号处理、音频电路、视频电路等各种控制功能电路。供电电路、存储电路和控制电路的关系如图 3-30 所示。

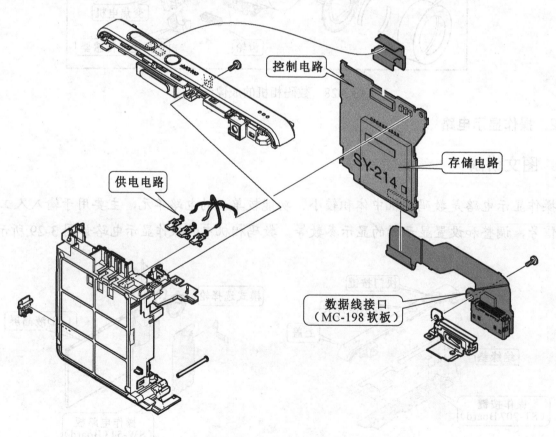

图 3-30　供电电路、存储电路和控制电路的关系

新知讲解 3.2.2　了解数码相机的工作特点

1. 数码相机的整机工作流程

 图文讲解

数码相机整机电路信号流程图如图 3-31 所示。从图中可以看出，当数码相机电源开启后，可以通过取景器观察到需要拍摄的景象。当确定景象范围时，按下快门按键，操作电路将拍摄信号发送至控制系统（CPU）中，由控制系统（CPU）将控制信号传输至 AE（自动曝光）、AF（自动聚焦）电路中，之后传输至驱动电机，使镜头的光圈与焦距调整达到聚焦的效果，景象通过镜头传输到成像电路中，经 CCD 图像传感器芯片将其从光图像转换成电信号，由于 CCD 图像传感器芯片输出的信号比较微弱，所以经预放模块对其进行稳幅和消除噪声处理。经预放模块处理后的电信号经 A/D 转换器将其由模拟信号转变为数字图像信号，经数字信号处理电路进行处理，将电信号送至存储卡电路，经存储接口电路，将数字处理之后的电信号变为图像信号，可以存储至存储卡中，也可以通过数据线接口直接输出，经不同的显示介质进行显示。

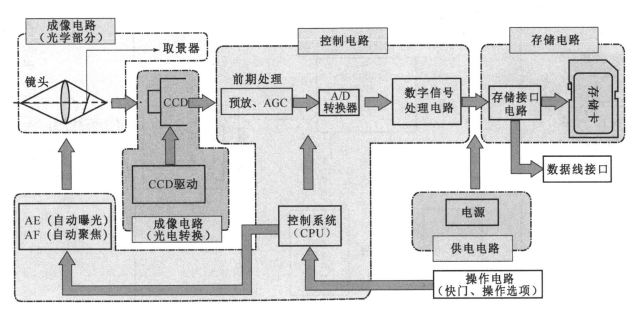

图 3-31　数码相机整机电路信号流程图

2. 数码相机电路之间的关系

数码相机各电路之间的关系如图 3-32 所示，代表了数码相机中的电路支撑及相互关联。

（1）数字图像信号处理电路

数码相机在拍摄景物时，景物的光图像经过镜头照射到 CCD 图像传感器芯片的感光面上，CCD 图像传感器芯片在驱动脉冲的作用下，将光图像变成电信号，并经过软排线送到 CCD 图像传感器芯片信号处理电路中进行预放、消噪和 A/D 变换处理，将模拟图像信号变成数字信号，再送到数字信号处理芯片中进行处理。经处理后将数字图像信号记录到存储卡中。

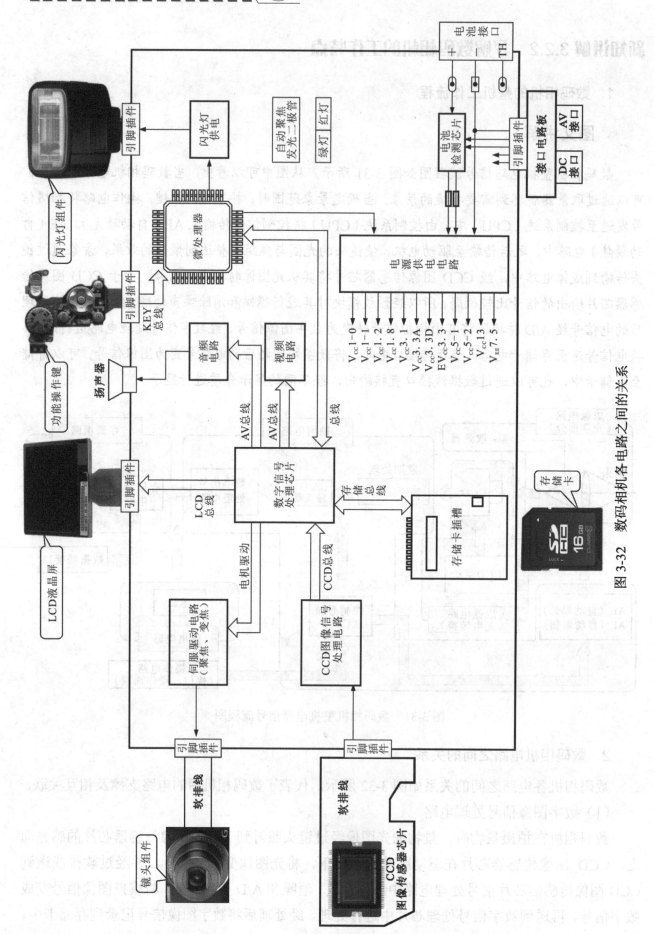

图 3-32 数码相机各电路之间的关系

（2）液晶显示电路

数码相机在进行取景和拍摄时，镜头对准的景物图像在进行处理时同时送到液晶显示驱动电路，在液晶显示器上能显示镜头捕捉的景物图像。

（3）微处理器控制电路

数码相机的设置和操作都是由微处理器进行控制的。操作键的控制信号，如变焦控制和模式选择传递给微处理器，微处理器收到控制信号后，通过接口电路对镜头中的变焦电机和聚焦电机进行控制。用户觉得满意时，便可按下快门按键。

（4）电源供电电路

数码相机中设有电源供电电路，电池经过接口将直流电压送到数码相机中，经过对电池的检测处理、升压和稳压电路，输出多种直流电压。

项目四

掌握数码相机的使用与保养维护方法

任务模块 4.1 掌握数码相机的使用方法

新知讲解 4.1.1 展示数码相机的功能特色

数码相机是将光学影像转换为数字信号进行保存或通过介质将其输出的照相机，数码相机拍摄的照片或者视频可以进行永久性保存，而胶片式相机的底片无法长时间保存，这一点是数码相机最大的功能特点。

1. 数码相机的拍照功能

拍照是数码相机的基础功能。用数码相机将我们所需要的景象转换为数字信号，可以在液晶屏上进行显示，还可以将数字信号进行长时间存储。

 图文讲解

由于数码相机的技术在不断更新，有的数码相机已经推出自拍功能，就是在数码相机的前端（镜头端）设有小的液晶屏，便于在自拍时观察拍摄范围；还有一些数码相机的 LCD 液晶屏可以翻转，便于观察拍摄的景物。带有自拍功能的数码相机如图 4-1 所示。

数码相机拍摄的照片可以通过打印机打印成纸质的照片，也可以通过不同的显示媒介进行显示，还可以通过编辑软件对其进行编辑使其显示效果达到最佳。

图 4-1　带有自拍功能的数码相机

2．数码相机的摄录功能

现在多数的数码相机都带有摄录功能，视频的清晰度也已经达到高清。由于数码相机存储卡的容量有限，拍摄的视频时间较短，无法存储时间较长的视频片段。

3．数码相机的传输功能

数码相机可以通过数据线与其他设备进行连接，有的数码相机带有摄像头功能，可以使其替代低像素的摄像头；还有的一些高端数码相机带有 WiFi 技术（无线传输）功能，可以与计算机之间进行快速的无线传输，但该类数码相机的成本较高，多用于专业的新闻报道与体育赛事报道等。

技能演示 4.1.2　演示数码相机的使用方法

数码相机的型号种类各不相同，但其基本功能操作按键与使用方法大体相同，下面以尼康 D90 为例讲解其使用方法。

1．数码相机的按键功能及显示符号

（1）整机按键分布

 图文讲解

数码相机上有很多不同的按键，每个按键的功能各有不同，数码相机上按键的功能如图 4-2 所示。

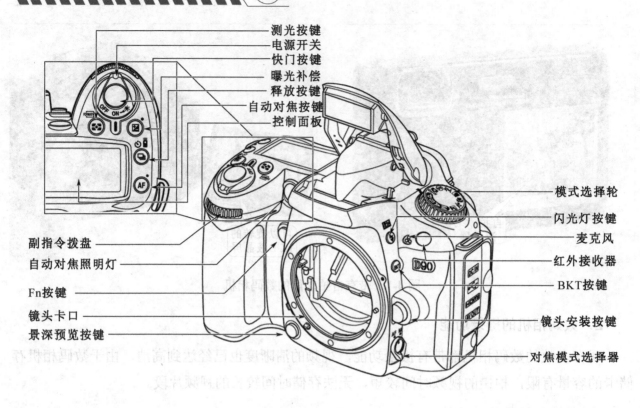

测光按键
电源开关
快门按键
曝光补偿
释放按键
自动对焦按键
控制面板

模式选择轮
闪光灯按键
麦克风
红外接收器
BKT按键
镜头安装按键
对焦模式选择器

副指令拨盘
自动对焦照明灯
Fn按键
镜头卡口
景深预览按键

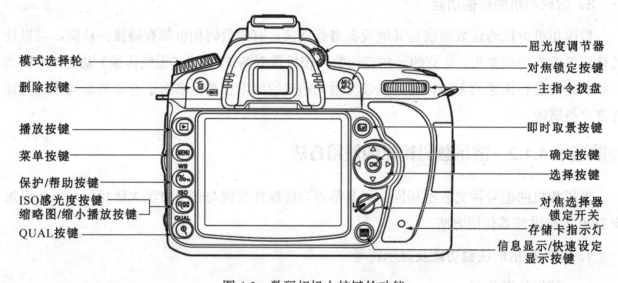

模式选择轮
删除按键

播放按键
菜单按键
保护/帮助按键
ISO感光度按键
缩略图/缩小播放按键
QUAL按键

屈光度调节器
对焦锁定按键
主指令拨盘

即时取景按键
确定按键
选择按键

对焦选择器
锁定开关
存储卡指示灯
信息显示/快速设定
显示按键

图 4-2　数码相机上按键的功能

（2）模式选择轮

 图文讲解

每个数码相机都设有拍摄模式，这些拍摄模式可能不同，但其使用的标识基本相同。模式选择轮上的标识定义，如图 4-3 所示。

A光圈优先自动：
调整光圈可以柔化背景细节或
增加景深来突出拍摄对象

M手动模式：
根据个人的创作意图手动
调整快门速度和光圈

夜景人像模式：
用于拍摄微暗背景的人像

运动模式：
拍摄运动中的动态定格动作

近景拍摄模式：
为昆虫、花朵等细小物体拍摄特写

风景模式：
拍摄风景中的细节

S快门优先自动：
快门可定格动作，选择低速快门
可以通过模糊影像来表现动态效果

P程序自动：
数码相机自动选择快门速度和光圈
其他拍摄设置

自动模式：
相机自动调整所有设置，已达到最佳状态

闪光灯关闭自动模式：
在光线较暗的地方关闭闪光灯进行自动模式

人像模式：
拍摄具有柔焦背景效果的人像

图4-3 模式选择轮上的标识定义

资料链接

通过观察数码相机上的控制面板，即可知道是否打开了某些功能。数码相机上的控制面板如图 4-4 所示。

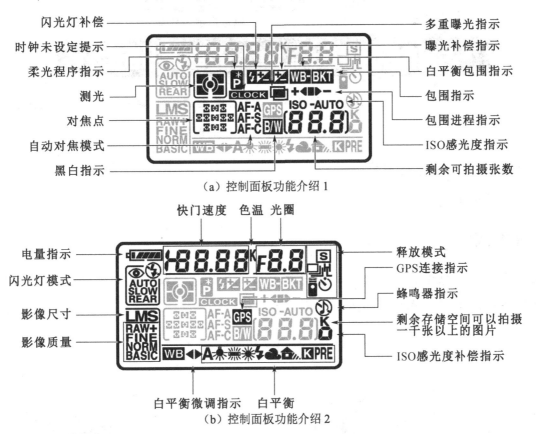

闪光灯补偿
时钟未设定提示
柔光程序指示
测光
对焦点
自动对焦模式
黑白指示

多重曝光指示
曝光补偿指示
白平衡包围指示
包围指示
包围进程指示
ISO感光度指示
剩余可拍摄张数

（a）控制面板功能介绍 1

快门速度 色温 光圈

电量指示
闪光灯模式
影像尺寸
影像质量

释放模式
GPS连接指示
蜂鸣器指示
剩余存储空间可以拍摄
一千张以上的图片
ISO感光度补偿指示

白平衡微调指示 白平衡

（b）控制面板功能介绍 2

图4-4 数码相机上的控制面板

（3）取景器

 图文讲解

若数码相机带有取景器，在拍摄时，可以通过取景器观察到需要拍摄的景象。在取景器中有一些构图网格与参数值，识读取景器中的参数，如图4-5所示。

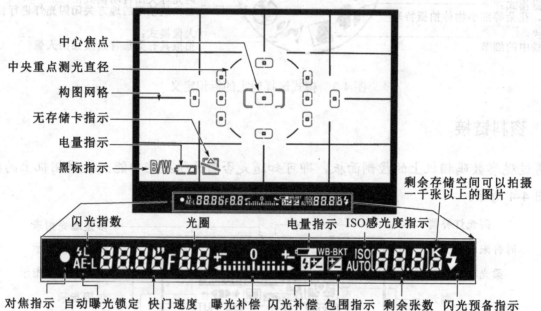

图4-5 识读取景器中的参数

2. 使用数码相机进行拍照

（1）安装电池与存储卡

 图解演示

在使用数码相机进行拍照之前，应当将电力充足的电池放入电池仓中，并将存储卡放入存储卡插槽中。安装电池与存储卡，如图4-6所示。

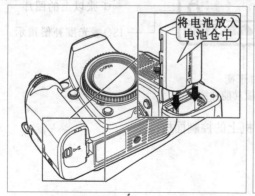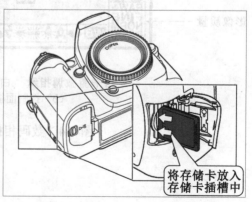

图4-6 安装电池与存储卡

① 插入电池。插入电池前应关闭相机，打开相机底部的电池盒盖，插入电池，如图 4-7 所示，然后关闭电池盒盖。

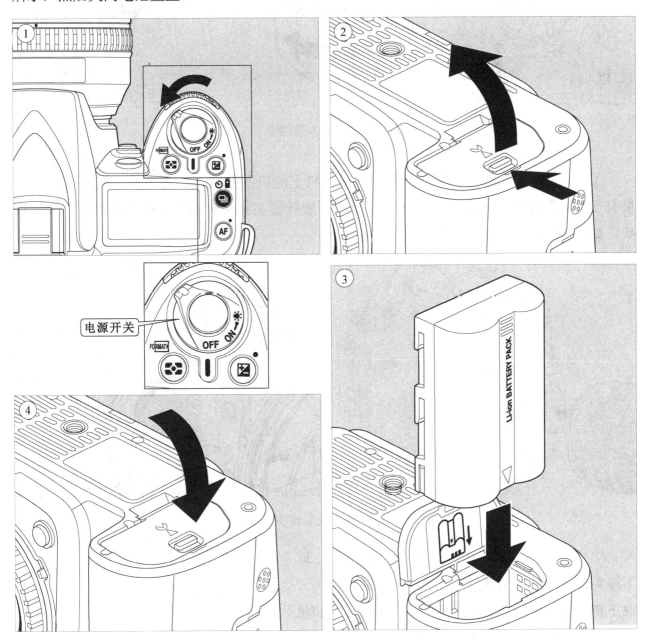

图 4-7　插入电池

② 插入存储卡。插入存储卡前应关闭相机，向外滑动存储卡插槽盖并打开存储卡插槽，检查存储卡是否是正确的插入方向，将存储卡推入直至插入正确位置发出"咔嗒"声，存储卡存取指示灯将会点亮几秒，说明插入正确的位置，然后关闭存储卡插槽盖，如图 4-8 所示。

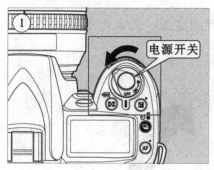
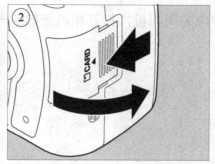
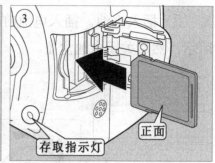

图 4-8　插入存储卡

（2）镜头的装卸

① 安装镜头。将镜头后盖取下，再将相机上的机身盖取下，将镜头上的安装标记与机身上的安装标记对齐，将镜头放入卡口中，旋转镜头直至听到"咔嗒"声即可。安装镜头，如图 4-9 所示。

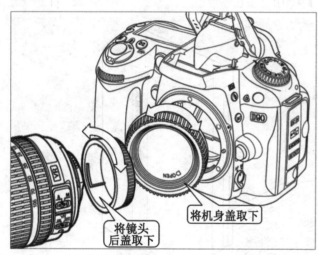
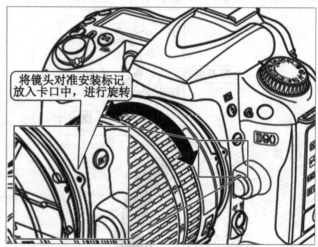

图 4-9　安装镜头

② 取下镜头。取下或更换镜头前关闭相机。取下镜头时，按住镜头释放按键并顺时针旋转镜头。取下镜头后，重新盖上镜头保护盖、镜头后盖和机身盖。取下镜头，如图 4-10 所示。

（3）电池充电

将交流电源适配器插头插入电池充电器，然后将电池充电器的电源线插头插入电源插座，接通电源。从电池充电器上取下终端盖，插入电池进行充电。充电时，充电指示灯将会闪烁，充电完毕时，指示灯停止闪烁，取出电池并断开电源，如图 4-11 所示。

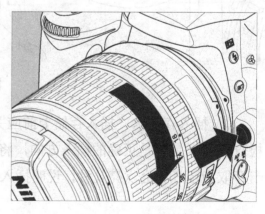

图 4-10　取下镜头

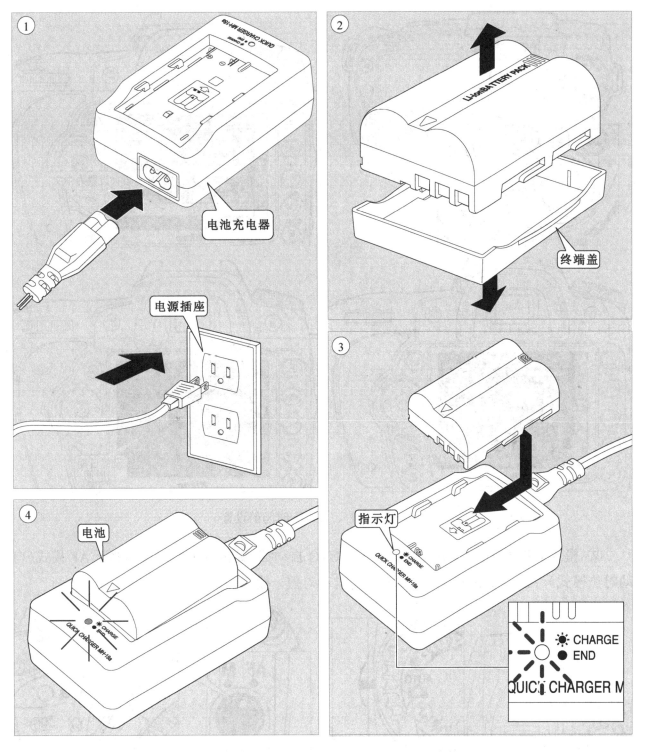

图 4-11　电池充电

（4）基本设置

① 语言、日期、时间的设置。打开数码相机电源按键，拨至 ON 挡，将语言设置为中文（简体），再将日期、时间设置为当地时间，当设置完成后按下确定按键即可返回拍摄。语言、日期、时间的设置如图 4-12 所示。

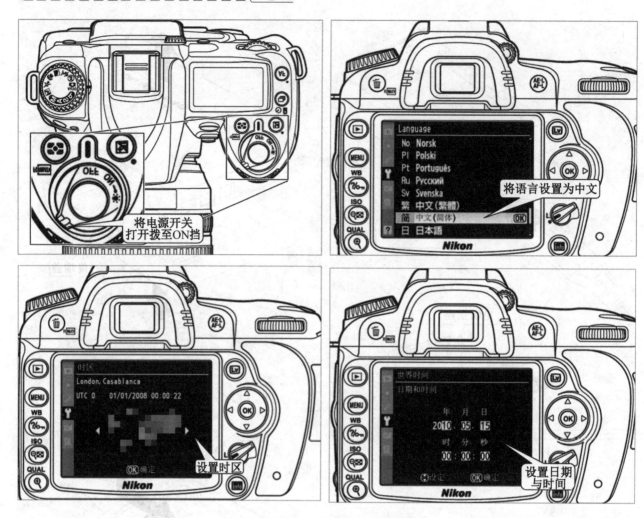

图 4-12　语言、日期、时间的设置

② 模式的设置。转动模式选择轮选择 AUTO 自动挡，旋转对焦模式选择器至 AF 模式（自动对焦模式），或半按下快门按键，相机将自动对焦。模式的设置如图 4-13 所示。

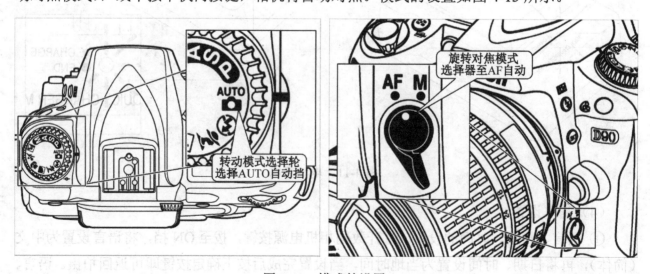

图 4-13　模式的设置

资料链接

旋转对焦模式选择器至 AF 模式时，有几种自动对焦模式可以选择，见表 4-1。

表 4-1　自动对焦模式

自动对焦模式		说　明
AF-A	自动选择（默认设定）	相机在拍摄静止的对象时，将自动选择单次伺服自动对焦，拍摄移动的对象时则选择连续伺服自动对焦。仅当相机可进行对焦时快门才可释放
AF-S	单次伺服自动对焦	适用于静止的拍摄对象。半按下快门按键时对焦锁定。仅当显示了对焦指示时快门才可释放
AF-C	连续伺服自动对焦	适用于移动的拍摄对象。半按下快门按键时相机连续进行对焦。即使没有显示对焦指示也可拍摄照片

③ 影像品质和尺寸的设置。影像品质和尺寸共同决定了照片在存储卡上所占空间的大小。尺寸较大、品质较高的影像可在较大尺寸下进行打印，但同时也会占用存储卡更多的空间，也就是说，这种影像在存储卡中可保存的数量更少。影像品质和尺寸如图 4-14 所示。

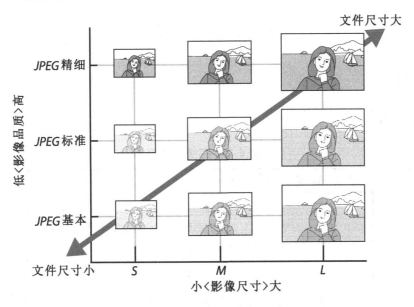

图 4-14　影像品质和尺寸

选择影像品质，如图 4-15 所示，按下 QUAL 按键并旋转主指令拨盘，直到控制面板中显示所需设定。

选择影像尺寸，如图 4-16 所示，按下 QUAL 按键并旋转副指令拨盘，直到控制面板中显示所需设定。

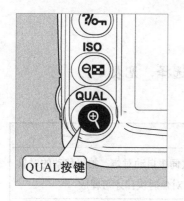 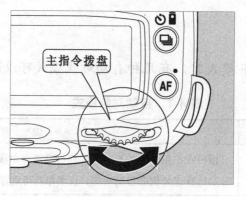 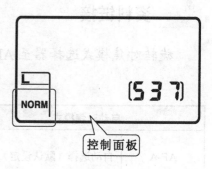

图 4-15　选择影像品质

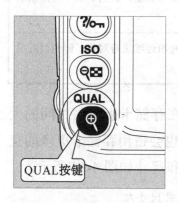 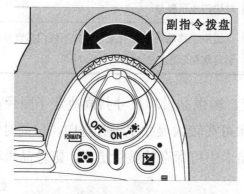 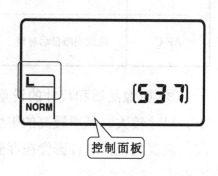

图 4-16　选择影像尺寸

 资料链接

影像品质选项见表 4-2。

表 4-2　影像品质选项

选　　项	文 件 类 型	说　　明
NEF(RAW)	NEF	来自影像感应器的 12 位原始数据直接保存到存储卡上。拍摄需要在计算机上处理的影像时选用。NEF (RAW)影像的 JPEG 副本可使用修饰菜单中的 NEF (RAW)处理选项或者 ViewNX 或 Capture NX 2 等软件来创建
JPEG 精细	JPEG	以大约 1∶4 的压缩率记录 JPEG 影像（精细影像品质）
JPEG 标准（默认）		以大约 1∶8 的压缩率记录 JPEG 影像（标准影像品质）
JPEG 基本		以大约 1∶16 的压缩率记录 JPEG 影像（基本影像品质）
NEF(RAW) +JPEG 精细	NEF/JPEG	记录两张影像：一张 NEF (RAW)影像和一张精细品质的 JPEG 影像
NEF(RAW) +JPEG 标准		记录两张影像：一张 NEF (RAW)影像和一张标准品质的 JPEG 影像
NEF(RAW) +JPEG 基本		记录两张影像：一张 NEF (RAW)影像和一张基本品质的 JPEG 影像

影像尺寸以像素衡量，有一些选项可供选择，影像尺寸选项见表 4-3。

表4-3　影像尺寸选项

影像尺寸	尺寸（像素）	以 200 dpi 打印时的近似尺寸
L（默认）	4 288×2 848	54.5cm×36.2cm
M	3 216×2 136	40.8cm×27.1cm
S	2 144×1 424	27.2cm×18.1cm

注：以200dpi打印时的近似尺寸。影像尺寸（像素）÷打印机分辨率（像素/英寸：dpi，1 英寸＝2.54 厘米）。打印机分辨率增加时打印尺寸将减小。

④ 闪光灯的设置。按下闪光灯按键并旋转主指令拨盘，直到所需闪光灯模式显示在控制面板中，闪光灯的设置如图 4-17 所示。

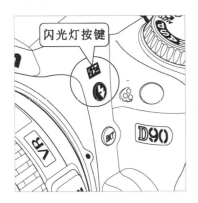
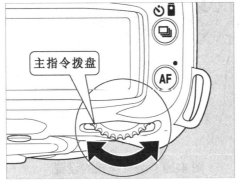
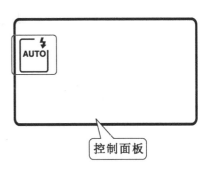

图 4-17　闪光灯的设置

当前闪光灯模式如图 4-18 所示，将显示在控制面板中。

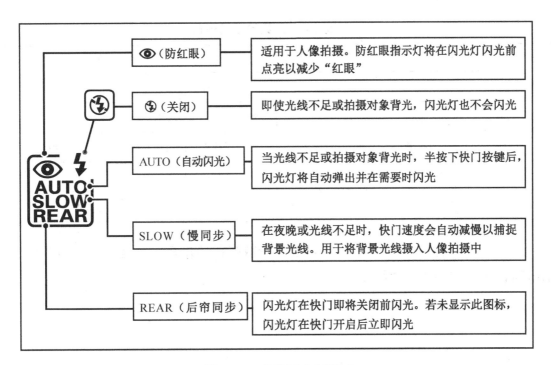

图 4-18　当前闪光灯模式

⑤ 场景模式的设置。数码相机一般有 6 种"场景"模式可以选择。选择某个后，相机自动根据所选场景优化设定，所以仅需旋转模式选择轮，选择一种场景模式即可进行创意摄影。场景模式的设置如图 4-19 所示。

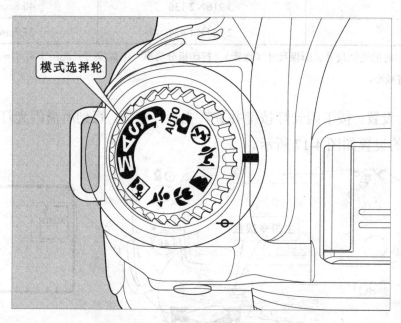

图 4-19 场景模式的设置

 资料链接

常见的场景模式见表 4-4。

表 4-4 常见的场景模式

模 式	说 明
人像	适用于人像拍摄
风景	适用于白天或夜晚的自然风景和人工风景拍摄
近景拍摄	适用于花卉、昆虫和其他小物体的特写拍摄
运动	适用于移动的拍摄对象
夜景人像	适用于在光线不足的条件下拍摄人像

⑥ 释放模式的设置。选择释放模式，按下释放按键 并旋转主指令拨盘，直到控制面板中显示所需设定，如图 4-20 所示。

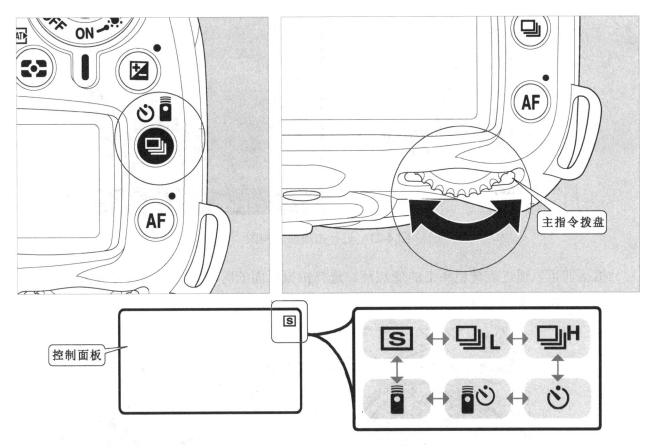

图 4-20 释放模式的设置

资料链接

释放模式决定相机如何拍摄照片，包括单张拍摄、低速连拍、高速连拍、自拍、延迟遥控、快速反应等，见表 4-5。

表 4-5 释放模式

模 式	说 明
S单张拍摄	每按一次快门按键，相机拍摄一张照片。存取指示灯在记录照片时点亮；若内存缓冲区有足够的可用空间，相机可立即拍摄下一张照片
L低速连拍	若按住快门按键不放，相机每秒可拍摄 1～4 张照片
H高速连拍	若按住快门按键不放，相机每秒最多可拍摄 4～5 张照片
自拍	用于人像自拍或减少相机晃动导致的照片模糊
延迟遥控	需要另购 ML-L3 遥控器，用于人像自拍
快速反应	需要另购 ML-L3 遥控器，用于减少远端相机晃动导致的照片模糊

（5）构图

右手握住数码相机的操作手柄，左手托住机身与镜头，在取景器中进行构图，应当将景物放置在焦点上，进行拍摄前的构图，如图 4-21 所示。

左手托住机身与镜头

右手握住数码相机的操作手柄

在取景器中进行构图

图 4-21 进行拍摄前的构图

拍摄前可以通过旋转镜头上的变焦环，选择拍摄画面的区域，对画面进行放大或缩小。调整焦距，如图 4-22 所示。

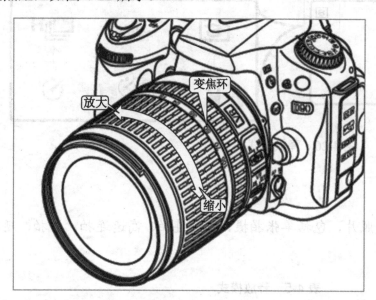

放大

变焦环

缩小

放大

缩小

图 4-22 调整焦距

确定拍摄范围后，半按下快门按键，使数码相机可以自动进行对焦，直到通过取景器观察到清楚的画面后，再将快门按键完全按下，即可完成拍照。快门按键的使用方法如图 4-23 所示。

 资料链接

对焦可自动也可手动进行调整。使用不支持自动对焦的镜头（非 AF 尼克尔镜头），或自动对焦无法取得预期效果时，可使用手动对焦。若使用手动对焦，请按如下所述设置相机的对焦模式选择器/对焦模式切换器。手动对焦模式的设置如图 4-24 所示。

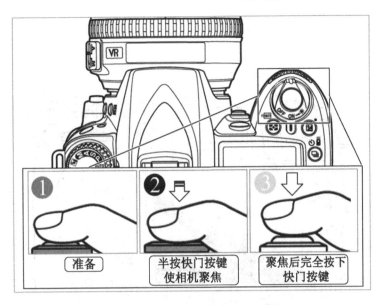

图 4-23　快门按键的使用方法

AF-S 镜头是将对焦模式切换器设定为 M。

手动对焦镜头是将对焦模式选择器设定为 M。

AF 镜头是将对焦模式选择器和对焦模式切换器两者均设定为 M。

对焦模式切换器如图 4-24（a）所示，对焦模式选择器如图 4-24（b）所示。

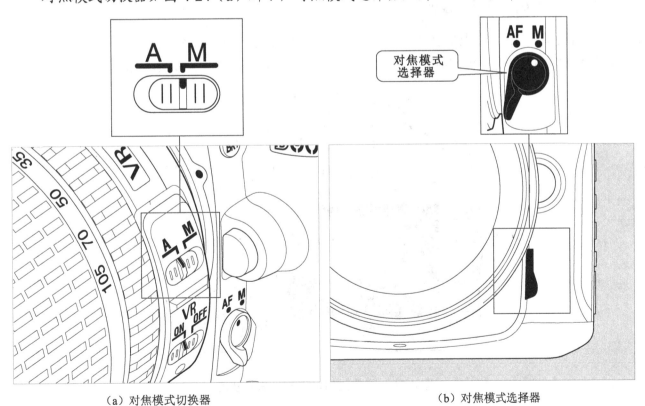

（a）对焦模式切换器　　　　　　　　　　　　　　（b）对焦模式选择器

图 4-24　手动对焦模式的设置

值得注意的是，该数码相机不仅可以通过取景器进行取景，也可以使用 LCD 液晶屏取景，如图 4-25 所示。

图 4-25　使用 LCD 液晶屏取景

　　由于数码相机的拍摄模式还有很多，在这里就不对其一一介绍了，消费者可以通过产品说明书对其他的拍摄模式进行进一步了解。

3．使用数码相机进行摄像

　　当需要使用数码相机进行摄像时，可以按下即时取景按键，将数码相机调试为摄录状态。此时，数码相机中的反光板升起，镜头中的视野出现在相机的显示屏中，如图 4-26 所示。

图 4-26　将数码相机调试为摄录状态

　　当构图完成后，可以使用半按快门按键的方式，使画面聚焦，按下确定按键后开始摄像。录制视频，如图 4-27 所示。

图 4-27 录制视频

当完成摄像后，可以按下确定按键结束录制。当需要观看视频时，可以按下播放按键，看到 LCD 液晶屏上有"短片"指示时，再次按下播放按键进行播放。按下选择按键可以快进或快退，按下 QUAL 按键或缩略图/缩小播放按键可以调节声音的音量。再次按下确定按键时，可以退出摄像模式，重新进入照片拍摄模式。观看视频，如图 4-28 所示。

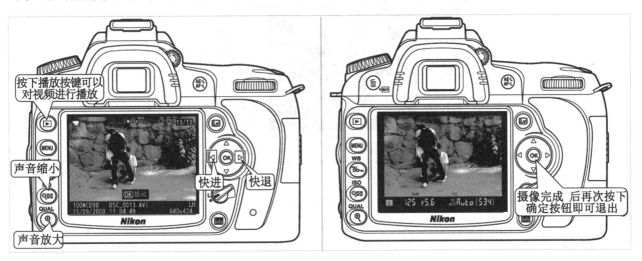

图 4-28 观看视频

4. 照片的预览与删除

当需要预览照片时，按播放按键即可在 LCD 液晶屏中显示照片，可以通过左右调节选择按键显示其他照片，当确定显示某一张照片时，可以通过按下 QUAL 按键或缩略图/缩小播放按键观察该照片上的细节。预览照片，如图 4-29 所示。

当观察到拍摄效果不满意的照片时，可以按删除按键，在 LCD 液晶屏上可以看到是否删除的提示框，再次按下删除按键即可将该照片删除。若不需要删除，可以按下播放按键退出。删除照片，如图 4-30 所示。

图 4-29   预览照片

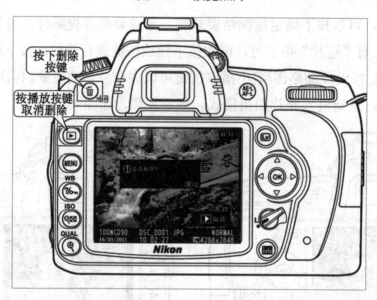

图 4-30   删除照片

5. 数码相机的连接

（1）连接至电视机

可使用附送的音频/视频线将相机连接至电视机播放照片。C 型 mini-pin 高清晰度多媒体接口（HDMI）线（从第三方经销商另行选购）可用来将相机连接至高清视频设备。

① 标清设备。在连接或断开音频/视频线之前，先关闭相机。连接音频/视频线，如图 4-31 所示，然后将电视机切换至视频频道，开启相机并按下播放按键▶。

② 高清设备。在连接或断开 HDMI 连接线之前，先关闭相机。连接 HDMI 连接线，如图 4-32 所示，然后将设备切换至 HDMI 信道，开启相机并按下播放按键▶。

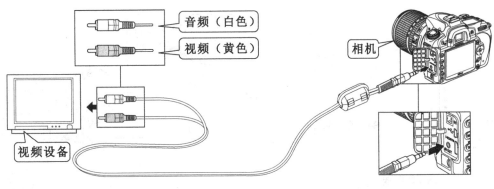

图 4-31 连接音频/视频线

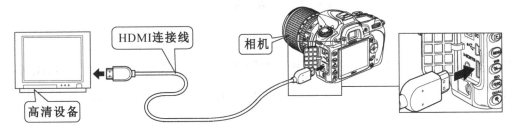

图 4-32 连接 HDMI 连接线

（2）连接至计算机

在连接计算机前关闭相机，启动计算机并待机，用 USB 数据线将相机连接计算机，如图 4-33 所示。然后开启相机传送照片，传送完毕后，关闭相机并断开 USB 数据线的连接。

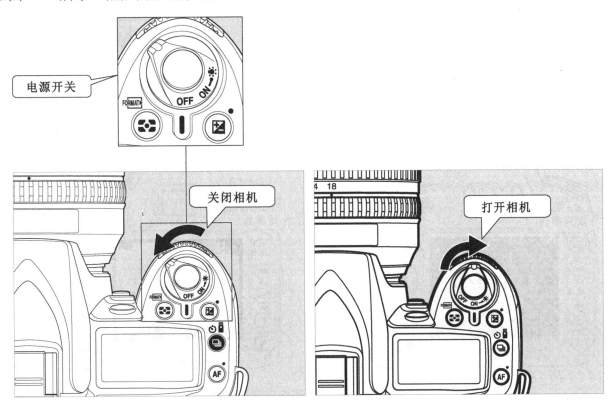

图 4-33 连接计算机

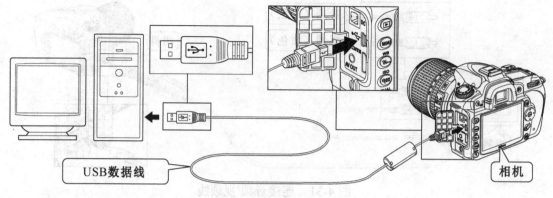

图 4-33　连接计算机（续）

（3）连接至打印机

在连接打印机前关闭相机，开启打印机并用 USB 数据线连接打印机，如图 4-34 所示。连接打印机后开启相机，如图 4-35 所示，显示屏中将出现一个欢迎画面，随后出现 PictBridge 播放显示。

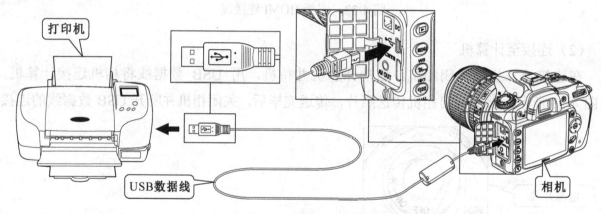

图 4-34　连接打印机

图 4-35　连接打印机后开启相机

任务模块 4.2 掌握数码相机的保养维护方法

新知讲解 4.2.1 知晓数码相机整机的保养维护事项

1. 数码相机使用和存放的注意事项

数码相机在使用和存放中对湿度有一定的要求，当数码相机的使用环境或存放环境湿度过大时，容易导致数码相机的电路故障，也会导致某些部件失灵。因此，在阴天或雨天拍摄时应当对其进行防水处理，可以为数码相机选择专用的防水壳，也可以选择简易防水罩，如图 4-36 所示。

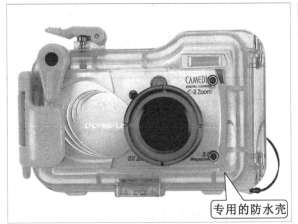

图 4-36 专用的防水壳和简易防水罩

在存放数码相机时，应将其放置于防水、防潮的环境中，可以选择合适体积的防潮箱进行存放。在经济条件允许的情况下可以选择专业的防潮柜进行长期存放。防潮箱和防潮柜如图 4-37 所示。

图 4-37 防潮箱和防潮柜

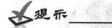 提示

值得注意的是当数码相机不小心进水时，不要按任何按键，应当马上将其电池取出，再用吸水纸将水擦干，并进行烘干，使其内部的水分蒸发。可以采用 40W 左右的日光灯进行烘干，若功率过高会导致数码相机内部元件因温度过高而损坏。烘干完毕后将电池放回，开机测试，若仍不能使用，则应将其送至维修站进行修理。

数码相机对周围的温度同样有要求。注意，一定不要将数码相机直接放置于温度过高的环境中，更要避免强光对相机的直接照射。数码相机所采用的 CCD 或 CMOS 图像传感器芯片接受强光和高温的能力是有限的，如果直接用数码相机来拍摄太阳或非常强烈的光源，有可能导致成像器件的灼伤损坏，如因特殊需要无法避免时也应尽量将拍摄时间缩短，尽可能快速完成拍摄。另外，长时间的强光照射或周围温度过高也很容易导致数码相机机身变形，特别是长时间存放数码相机时，切勿将数码相机直接放置于强光之下或温度过高之处。

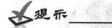 提示

值得注意的是，在天气非常寒冷时，对数码相机的存放保管也应十分注意。要尽量保证数码相机所处环境的正常温度，尤其是从低温处突然转至温暖处时，数码相机内部会产生冷凝液或雾气，容易造成镜头和机内电路的损坏。

数码相机应在清洁的环境中使用和存放，在灰尘较多的环境中，尽量不要将数码相机暴露出来。即使必须使用，也应在拍摄完毕后立即将数码相机的镜头保护盖盖好，放入防尘的数码相机保护套内。这样可以在一定程度上避免外界的灰尘对数码相机造成的污染。由于外界灰尘较多，很容易使污染物掉落到数码相机的镜头上，从而弄脏镜头，直接影响拍摄的清晰度。严重时还会影响数码相机的整体性能。因此，外界环境的清洁对数码相机也是很重要的，保持数码相机使用环境和存放环境的干净、清洁，可以大大降低数码相机因外界灰尘、污物等污染而发生故障的可能性。

 提示

值得注意的是，在更换数码单反相机的镜头时，应当避免在灰尘过大的环境中进行，因为灰尘会通过镜头卡口进入相机内部，若灰尘沾染到 CCD 或 CMOS 图像传感器芯片上会对成像质量产生很大影响。

由于数码相机工作时是将所拍摄景物的光信号通过 CCD 图像传感器芯片、DSP 数字信号处理芯片等光电转换部件转换成电信号，因此，像 CCD 图像传感器芯片、DSP 数字信号处理芯片等一些光电转换部件对强磁场和电场都很敏感，从而极易导致数码相机故障，直接影响

拍摄质量。所以，在使用和存放数码相机时应尽量远离强磁场和电场。存放时，应注意不要将数码相机放置在如音响、电视机、电磁灶以及大功率变压器等可能产生强磁场和电场的设备附近。

数码相机中复杂的成像系统、光学镜头以及精密的电子器件等都是极容易受到损害的部分，剧烈的震动和碰撞很容易导致相机机械结构性能的损坏。因此，在实际使用时要特别注意，为数码相机配置合适的防护带，如手带、颈带或肩带，如图 4-38 所示。拍摄过程中始终将相机套在手腕或脖颈上，不要将相机随意甩来甩去，避免无意间掉落。

携带出行时，应将数码相机放在相机保护套内，必要时还可购置一个较能防震的摄影包，大小最好刚刚能够容纳相机，如图 4-39 所示。放置地点也要牢固，确保不会受到意外的撞击。不要将数码相机装在有很大活动空间的箱包内，因为这样容易使相机在颠簸中发生意外的碰撞。

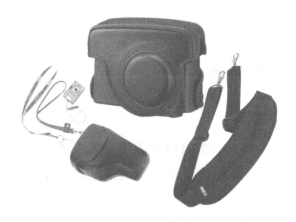
图 4-38　数码相机的防护带

图 4-39　数码相机的摄影包

2．数码相机整机外壳的清洁

由于数码相机的外壳大多为塑料材质，对其进行清洁时，不能使用酒精或化学清洁剂，防止外壳变色或受损。应当先使用吹气皮囊清洁外壳上的灰尘，再使用干净的清洁布进行擦拭，若外壳上有不易清除的污渍，可以使用 50%的镜头清洁液与 50%的水进行勾兑，再将清洁液滴至清洁布上，用清洁布对脏污处进行清洁，清洁后还应该用干净的清洁布将残留的清洁液擦除，最后将数码相机放置在干燥通风处进行干燥即可。吹气皮囊的类型如图 4-40 所示。清洁数码相机整机外壳，如图 4-41 所示。

图 4-40　吹气皮囊的类型

图 4-41　清洁数码相机整机外壳

新知讲解 4.2.2　知晓数码相机镜头的保养维护事项

1. 镜头使用的注意事项

不到万不得已不要擦拭镜头。镜头表面的指印、灰尘、水渍对于成像并无太大影响，不要经常擦拭镜头。如果镜头表面有沙粒、油污或者硬性颗粒时，应当及时清洁，防止刮伤镜头表面的反射膜。

清洁镜头不超过 30 秒。每次清洁镜头的时间最好不要超过 30 秒，因为过长时间的擦拭也会造成镜头不必要的损伤，如果那样就有些得不偿失了。

使用 UV 保护镜或者遮光罩保护镜头。在日常使用中，应当注意对数码相机镜头的保护。例如，通过对镜头加装 UV 保护镜，可以防止灰尘和污物等附着在镜头上，同时 UV 保护镜也可以过滤一部分紫外线；在灰尘及光线较强的地方添加遮光罩将灰尘挡在镜头之外，并将光线聚合。UV 保护镜和遮光罩如图 4-42 所示。

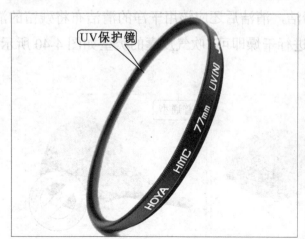

图 4-42　UV 保护镜和遮光罩

2．镜头的清洁方法

在对镜头进行清洁时，应当先使用单向气阀且带有挂钩的吹气皮囊清洁镜头表面的灰尘，将挂钩挂至手背上端，手握吹气皮囊，使其与镜头形成一定的距离，防止吹气皮囊碰到镜头表面。使用吹气皮囊清洁镜头表面，如图4-43所示。

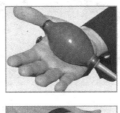

图4-43　使用吹气皮囊清洁镜头表面

当镜头表面有油污时，可以通过专用镜头纸、专用镜头清洁液与镜头笔等来对油污进行擦拭。镜头纸与清洁液可以配套使用。使用蘸有清洁液的镜头纸擦拭镜头表面，如图4-44所示。将一小滴镜头清洁液滴在镜头纸上，注意不要将清洁液直接滴在镜头上，使用镜头纸轻轻擦拭镜头表面，然后用一张干净的镜头纸擦净，直至镜头干爽为止。

图4-44　使用蘸有清洁液的镜头纸擦拭镜头表面

用镜头笔擦拭镜头，如图4-45所示，镜头笔一般有两端，一端是清洁头（清洁头为碳粉制成，形状为球形，球形的微小颗粒，粒径一般为30～50μm），能很好地吸附灰尘，同时具有抛光效果，不是简单的碳粉，在其表面还吸附有纳米颗粒氧化硅球，用来擦镜头；另一端是清洁毛刷，可以刷掉大灰尘。使用镜头笔之前务必保证吹净镜头表面，确保没有任何灰尘颗粒，再竖直轻压镜头笔从镜头中间顺时针向外赶。擦拭一次后注意清洁脱落的镜头碳粉，反复4～5次擦拭后即可完成镜头的清洁，使其光亮如新。

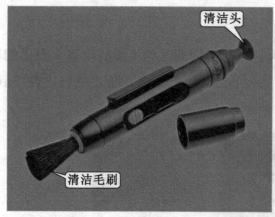
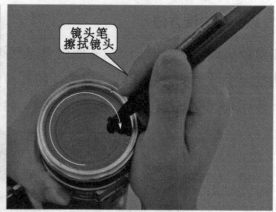

图 4-45　用镜头笔擦拭镜头

提示

在选购清洁器材时，应当到正规的专业摄影商店去购买，不要贪图便宜而购买劣质的清洁产品。任何擦镜头的行为都会伤害镜头镀膜，镜头笔虽然是比较安全的工具，但是也要小心使用。对镜头永远要多吹少擦，镜头笔也是有使用寿命的，当碳刷毛磨平之后，就必须更换。

新知讲解 4.2.3　知晓数码相机液晶屏的维护保养事项

1. LCD 液晶屏的注意事项

LCD 液晶屏是数码相机重要的部件，也是镜头之外另一个价格昂贵的装置。在使用时应当注意不能在阳光下进行直射；还要注意不能受重物挤压，防止 LCD 液晶屏破碎；不能使用有机溶剂对其进行清洁，因为这会影响到 LCD 液晶屏的亮度；LCD 液晶屏的亮度会随温度的变化而变化。液晶屏在不同温度下显示亮度的差异如图 4-46 所示。在温度降低时，LCD 液晶屏所显示的影像亮度会随之降低；当温度恢复时，LCD 液晶屏也会恢复正常。这些都是正常的现象，不必担心 LCD 液晶屏出现故障。

图 4-46　液晶屏在不同温度下显示亮度的差异

2. LCD 液晶屏的清洁方法

在对 LCD 液晶屏进行清洁时，可以使用麂皮、软布对 LCD 液晶屏轻轻擦拭。当遇到顽固的污渍时，不要用力过猛，可以使用液晶屏清洁套装对其进行清洁。LCD 液晶屏的清洁方法如图 4-47 所示。

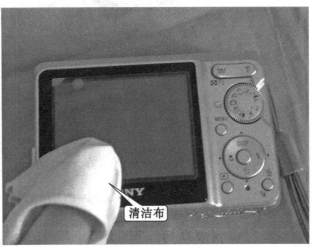

图 4-47　LCD 液晶屏的清洁方法

新知讲解 4.2.4　知晓数码相机 CCD/COMS 图像传感器芯片的维护保养事项

（1）CCD/COMS 图像传感器芯片的注意事项

数码相机中的 CCD/COMS 图像传感器芯片是成像系统中的关键，若被灰尘污染会严重影响成像效果。在对数码单反相机进行镜头更换时，应当在灰尘较小的空间中进行，防止灰尘污染 CCD/COMS 图像传感器。

由于 CCD/COMS 图像传感器芯片是比较贵的器件，所以不要擅自对其进行清洁，防止将其损坏，导致数码相机整体无法使用。在一些数码相机中带有专业的 CCD/COMS 图像传感器芯片清洁系统，就是以抖动的方式，将灰尘自 CCD/COMS 图像传感器芯片上震落，然后被周围的胶带吸附，这也是最安全便捷的清洁方式。而对于没有该清洁系统的数码相机而言，除了送到售后维修部以外，还可以使用一些专业的工具进行清洁，但在清洁过程中，一定要谨慎操作，以免造成不必要的损害。

（2）CCD/COMS 图像传感器芯片的清洁方法

首先，选择在比较干净的房间内操作，使用 CCD/COMS 图像传感器芯片观察镜观察数码相机的 CCD/CMOS 图像传感器芯片表面或相机腔内的灰尘分布情况。由于采用的是特殊的光学设计，不会产生眩光，可以清晰地观察到图像处理芯片，更便于清洁、维护。CCD/COMS 图像传感器芯片观察镜如图 4-48 所示。

图 4-48　CCD/COMS 图像传感器芯片观察镜

　　当观察到灰尘后，可以使用清洁笔以沾的方式清除灰尘，清洁笔的清洁头不可与 CCD/CMOS 图像传感器芯片表面横向摩擦；当清洁笔沾满灰尘后，将其放在清洁纸上按几下，就可以将灰尘转移走，在对其清洁的过程中不可以用手触摸清洁头，防止清洁头污染或损坏。CCD/COMS 图像传感器芯片清洁笔如图 4-49 所示。

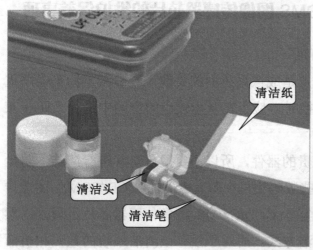

图 4-49　CCD/COMS 图像传感器芯片清洁笔

　　在条件允许的情况下还可以使用 DD Pro 低通滤镜清洁器，如图 4-50 所示。它实际上就是一个超小型的吸尘器，具有可更换的前部毛刷和可以吸尘的中心吸管。使用时，首先用毛刷擦拭低通滤镜上的污物使其松动，然后再通过吸管将灰尘等清除出数码相机。

图 4-50　DD Pro 低通滤镜清洁器

新知讲解 4.2.5　知晓数码相机电池与存储卡的维护保养事项

1. 电池的维护保养

数码相机进行工作时，需要使用电力。在使用电池时，应当选用锂电池、镍镉电池等，不要使用一般的碱性电池。锂电池、镍镉电池比一般的碱性电池容量大很多，使用时间也长，最主要的是它能重复使用，降低了使用成本。在使用电池时应当注意以下几点，可以对电池起到保护效果。

● 购买新电池后，最初几次充电最好采用慢充方式，充电时间稍长一些，保证电池完全充满。

● 在平时的使用过程中，尽量关掉 LCD 显示屏或调小它的亮度，以减少耗电量。

● 应当将电池完全放电后再对其进行充电，也可以使用调节充电器或脉冲充电器。

● 定期用蘸有酒精的棉签清洁电池的接触点，保证充电畅通无阻，如图 4-51 所示。

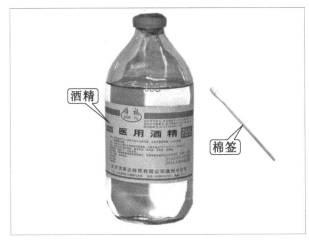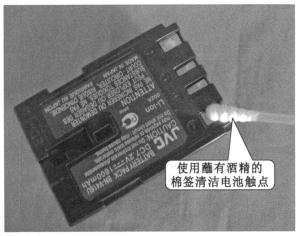

图 4-51　使用蘸有酒精的棉签清洁电池触点

● 如果长时间不使用相机，应将电池从相机中取出，并在阴凉干燥的地方存放。

● 注意电池的使用寿命，并及时进行更换。不同类型的充电电池，其循环充电使用次数与寿命都不尽相同，一般循环充电使用次数在 400～700 次，寿命约为 1～2 年。

2. 存储卡的维护保养

存储卡是用来存放数码相机拍摄的照片的，在使用中应当注意不能在通电的状态下将其取出，否则会丢失数据或烧毁存储卡。对存储卡进行存放时，应当将其放置于数码相机中并一起放置在防潮箱中，若有多张存储卡也应当一起放置在防潮箱中，若没有防潮箱，应将其放置在阴凉处保存，避开磁场干扰的环境，并远离高温发热源、在对存储卡进行格式化时，应当使用数码相机上的专用格式化程序，并且保证数码相机的电力充足，防止中途断电导致存储卡烧毁等现象。

项目五

训练检修数码相机的实用技能

任务模块 5.1 了解数码相机的故障特点和检修思路

新知讲解 5.1.1 了解数码相机的故障特点

数码相机小巧精密，便于随身携带，但是在使用过程中容易受到冲击、振动等情况，增加了数码相机的故障概率，导致其内部的线路接插件或元器件脱落、氧化以及漏电等情况发生，致使数码相机出现各种的故障。

1. 电池接触不良引发的故障

数码相机电池损坏、无电或触点不干净，可造成数码相机不能开机或无法充电的故障，遇到这种现象时可以清洁电池的触点，如图 5-1 所示，或重新对电池充电。若电池损坏应及时更换电池。若电池充电器损坏，也可造成数码相机不能开机或不充电的故障。

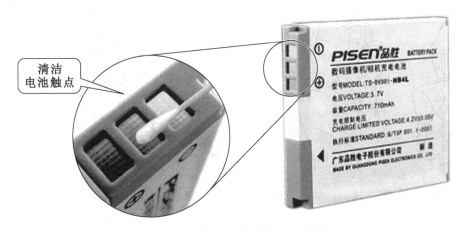

图 5-1　清洁电池的触点

图文讲解

安装电池时一定要到位，并通过锁扣固定电池，以免电池脱落，造成无法开机的故障现象。检查电池安装情况，如图5-2所示。

电池锁扣

图5-2　检查电池安装情况

2. 持机方式不当引发的故障

使用数码相机拍摄一定要注意正确的持机方式，一旦持机方式错误极易造成机身的抖动，进而造成拍摄图像不清的后果。

 图文讲解

使用数码相机拍摄时，为了避免拍摄时因身体移动而造成晃动，可以为身体寻找一个支撑点。通常的做法是用上臂和肘部夹紧肋骨，这样互相依靠不易使身体疲惫，站立拍摄时双脚分开与肩同宽，以保证整个身体的稳定性；如果需要低角度拍摄，可用肘部支撑着蹲下半跪或趴下，这些姿势都是为了增强拍摄时的稳定性。正确的持机姿势如图5-3所示。

　（a）水平拍摄持机方式　　（b）双脚站立的示意图　　（c）竖直拍摄持机方式

图5-3　正确的持机姿势

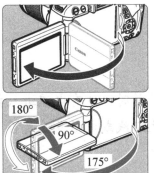
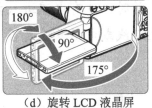

（d）旋转 LCD 液晶屏　　（e）低角度拍摄持机方式　　（f）高角度拍摄持机方式

图 5-3　正确的持机姿势（续）

 提示

　　尽量不要采用单手持机的方式或用手指捏住数码相机，这样极易出现相机掉落的情况。最好将保护套锁套在自己的腕部，同时要格外注意闪光灯的位置，不要用手遮住闪光灯或镜头。错误的持机姿势如图 5-4 所示。

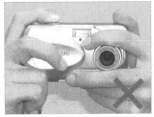

图 5-4　错误的持机姿势

3. 存储卡接触不良引发的故障

 图文讲解

　　数码相机都需要用存储卡进行数据存储，若存储卡损坏或触点不干净，应更换或擦干净存储卡引脚。更换存储卡，如图 5-5 所示。

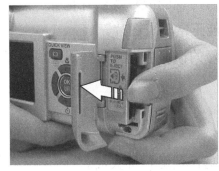
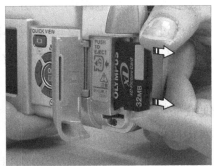

图 5-5　更换存储卡

4. 电源按键损坏引发的故障

 图文讲解

　　电源开关不正常引发的不开机故障。只有打开电源开关时，才有电流进入数码相机的主电路，为其提供工作电压，因此应该检查开机线是否发生断线或电源开关是否良好。数码相机中常见的电源开关如图 5-6 所示。

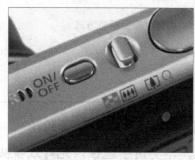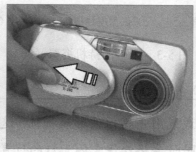

图 5-6　数码相机中常见的电源开关

5. 镜头问题引发的故障

　　镜头属于相机成像的光学部分，这部分常出现的故障现象有：镜头保护盖打不开、无法正常伸出镜头、镜头伸出后无法收回、无法调焦（变焦）、镜头内部进入污物等。

　　对于使用外置镜头的数码相机而言，出现镜头故障的概率会更大一些，造成镜头故障的原因有以下几点。

- 磕碰：使镜头变形或错位。
- 划伤：硬物使镜头表面留下划痕。
- 污物：镜头表面粘上异物。
- 受潮：在海边拍摄时，未做好防护措施，使得镜头进水受潮。
- 沙粒：在风沙环境下进行拍摄时，会有细小的砂粒进入镜头内部，影响其机械运作。

6. 液晶显示屏问题引发的故障

　　液晶显示屏属于操作显示电路的一部分，常出现的故障现象有花屏、黑屏、偏色、显示模糊等，致使在拍摄过程中无法正常取景或不能正常浏览图片。

　　对于带有触摸功能的液晶显示屏，出现故障的概率会更大一些。造成液晶显示屏故障的原因有以下几点。

- 磕碰：使液晶屏碎裂。
- 划伤：硬物使液晶屏表面留下划痕。
- 按压：在液晶显示屏上按压操作用力过猛，使触摸屏失灵。

7. 操作按键问题引发的故障

 图文讲解

数码相机操作按键的样式多种多样，是实现人机交互的平台，也是使用频率最高的部件，尤其是快门按键，其使用寿命通常在 10 万次左右，若操作按键出现异常或达到使用寿命，只需对其进行更换即可。常见的数码相机操作按键如图 5-7 所示。

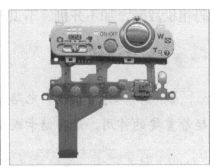

图 5-7　常见的数码相机操作按键

8. 闪光灯问题引发的故障

数码相机都带有闪光灯，可在拍摄过程中补充光线。由于设计风格的不同，闪光灯的样式也不同。

 图文讲解

除了外露式闪光灯会受到机械控制，闪光灯充电电容是最容易出现故障的部件。闪光灯和充电电容如图 5-8 所示。

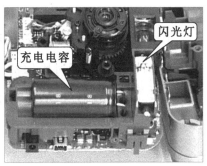

图 5-8　闪光灯和充电电容

不论是哪种类型的闪光灯，造成故障的原因有以下几点。

● 机械控制异常，尤其是外露式闪光灯，无法从机体中弹出来，通常是由于控制闪光灯的机械构造出现异常所致的，如齿轮被卡、弹簧失效等。

● 灯泡损坏，闪光灯也是由灯泡构成的，会有老化、碎裂的可能性。

● 充电电容损坏，充放电性能下降，无法提供闪光灯正常工作需要的电压。

9．电路损坏引发的故障

时钟振荡电路不正常引起的不开机故障。在数码相机的电路中，时钟振荡信号为整个电路提供必备的工作条件。例如，时钟振荡高信号为微处理器提供工作所需的逻辑时钟信号。如果产生时钟振荡信号的晶体或振荡电路损坏，都会引起数码相机不开机故障。

数码相机中的逻辑电路、软件、显示屏损坏、主板脏污、元器件虚焊等都有可能引起数码相机故障，如不开机、不识卡、设置信息丢失等。

 图文讲解

数码相机存储卡接口电路如图 5-9 所示，专门用来读取存储卡上的数据，在数码相机中起着重要的作用。若存储卡或接口电路损坏，可能会造成数码相机不识卡的故障。

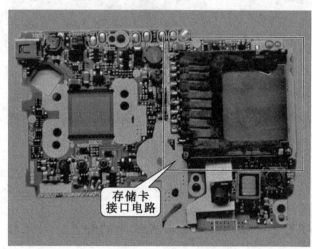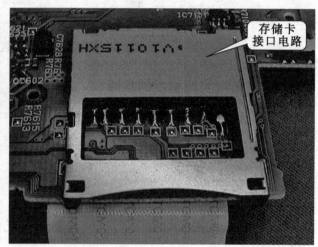

图 5-9　数码相机存储卡接口电路

10．设置信息丢失引发的故障

数码相机可以通过操作按键设置一些参数，如时间、日期、图片存储的大小、闪光灯开关等。如果频繁出现开机后恢复出厂设置的现象，那么有可能是内置的存储器电路发生故障。

 图文讲解

通常情况下，应先检测内部电池。内部电池如图 5-10 所示，是专门用来给时钟电路供电的，可在待机或断电情况下保持日期和时间的连续运行。

此外，数码相机中比较常见的故障还有很多种，如不充电、漏电、话筒损坏、扬声器损坏等故障。在维修数码相机前，应重点观察数码相机的故障现象，分析其故障特点，以免在维修过程中造成不必要的麻烦。

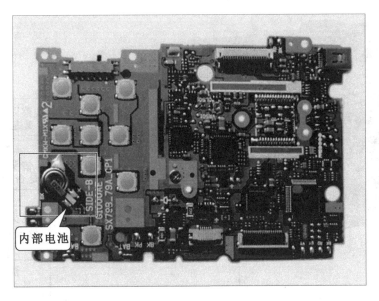

图 5-10　内部电池

技能演示 5.1.2　掌握数码相机的故障检修流程

在实际使用过程中，数码相机会出现各种各样的故障，根据不同的故障现象，掌握故障检修流程，可以快速查找出故障范围，为检修做好准备。

1. 成像电路的故障检修流程

数码相机的成像电路包括镜头、取景器、CCD 图像传感器芯片和闪光灯等 4 部分。当数码相机的成像电路出现故障时，应重点检测这 4 部分，每部分的检测流程各不相同，下面分别进行介绍。

数码相机的镜头是采集图像的主要部件，如果出现故障，将直接导致数码相机不能采集到影像，也就无法进行拍摄工作。

 图文讲解

镜头的检修流程如图 5-11 所示，根据这个流程，可以对镜头进行逐一排查，以便准确地找到故障点。

目前，数码相机的外形和款式多种多样，但基本功能是相同的。一般情况下光学取景器很少出现故障，只是有可能进入异物，影响观察效果。光学取景器的检修流程如图 5-12 所示。

CCD 图像传感器芯片属于耗损部件，常见的故障现象为花屏、色差、图像变形、像素缺失等，其中卡片数码相机中的图像处理芯片出现花屏故障的概率比较大。对于一些专业的数码相机，由于可更换独立镜头，应注意更换时安装牢靠，防止造成跌落损坏。而电路板上的电路比较复杂，任何元器件的失效都会引起数码相机故障。

观察是否受潮
或进入沙粒

镜头表面
是否有污物

镜头表面
是否有划痕

快门
是否正常

镜筒
是否有变形

镜头能否
正常伸缩

内部齿轮或部件
是否磨损或断裂

软排线连接
是否脱漏

变焦电机
是否正常

图 5-11　镜头的检修流程

取景器表面
是否有污物

取景器表面
是否有划痕

取景器表面
是否碎裂

MENU　DISP.

取景器

图 5-12　光学取景器的检修流程

 图文讲解

CCD 图像传感器芯片的检修流程如图 5-13 所示。

闪光灯主要是由灯泡、充电电容和升压变压器构成的。闪光灯的检修流程如图 5-14 所示。

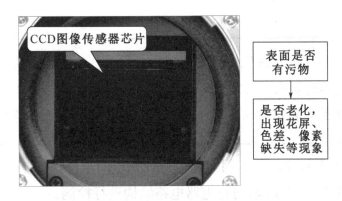

图 5-13 CCD 图像传感器芯片的检修流程

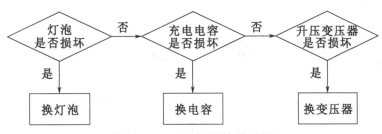

图 5-14 闪光灯的检修流程

2. 供电电路故障检修基本流程

数码相机的供电电路包括电池接口电路、电池和充电器等 3 部分。电池接口已经逐渐被淘汰，只有老式数码相机上才能看得到。淘汰电池接口，不但可以减小数码相机的体积，而且降低了供电电路出现故障的概率。下面分别介绍相关电路的检修流程。

当供电电路出现故障时，首先应确定供电电池是否异常。电池的检修流程如图 5-15 所示。

 图文讲解

电池接口电路是数码相机的能源输入部分，如果出现故障，将导致数码相机无法得到正常的工作电压，也就是说数码相机将不能开机工作。如果电池接口电路出现故障，可参照如图 5-16 所示的电池接口电路的检修流程进行故障排查。

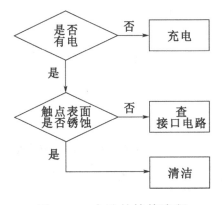

图 5-15 电池的检修流程

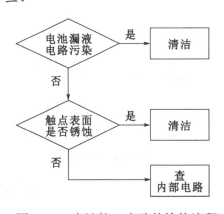

图 5-16 电池接口电路的检修流程

提示

　　带有电源接口或能够通过数据线进行充电的数码相机，其主要目的是给电池充电。这类相机，对充电电池有着特殊的要求，必须使用原装电池。只有原装电池才能与供电电路上的电池感应开关（专用电池开关）相互动作，再由检测电路判断该电池是否符合充电要求。

　　数码相机充电器属于附件，是专门给电池进行充电的器件，如果出现故障，直接表现为充不进电，此时可根据图 5-17 所示的充电器电路结构进行检测。

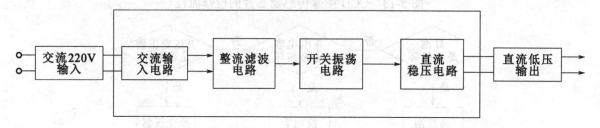

图 5-17　充电器电路结构

3. 操作/显示电路故障检修基本流程

 图文讲解

　　操作/显示电路是使用率最多的电路，包括操作电路和液晶显示电路。操作/显示电路的检修流程如图 5-18 所示。

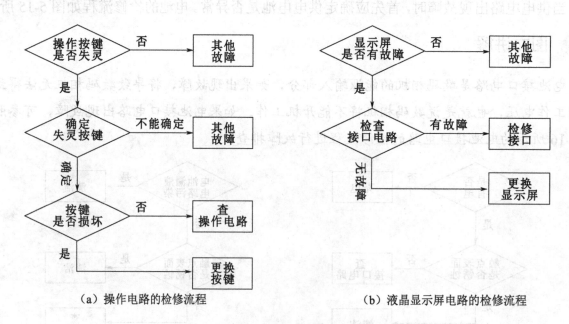

（a）操作电路的检修流程　　　　　　　　（b）液晶显示屏电路的检修流程

图 5-18　操作/显示电路的检修流程

4. 存储电路故障检修基本流程

图文讲解

数码相机的存储电路包括存储卡和存储卡接口电路，如果出现数据不能存储的故障，应按照先机内、后机外的检修思路，先对可插拔的存储卡进行检修，在排除存储卡的故障后，再排查存储卡接口电路的故障。存储电路的检修流程如图5-19所示。

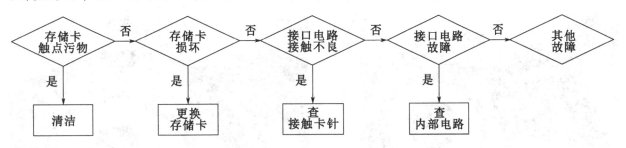

图 5-19　存储电路的检修流程

5. 数据接口电路故障检修基本流程

图文讲解

数码相机的数据接口是用来与计算机连接、进行数据传输的通道，有些数据接口还带有充电功能。如果数据接口电路出现故障，故障表现就是不能与计算机实现连接。数据接口电路的检修流程如图5-20所示。

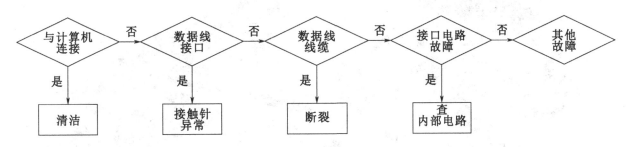

图 5-20　数据接口电路的检修流程

任务模块5.2　数码相机故障检修训练

技能演示 5.2.1　数码相机成像系统的检修训练

对数码相机成像系统的检测主要是检测数码相机中的镜头、取景器和图像传感器。

1. 数码相机中镜头的检修方法

当数码相机的镜头受到灰尘污染时，会直接影响其成像效果。对数码相机中的镜头进行检修时，首先将数码相机镜头与机身分离，然后将镜头整体拆卸，使用棉签将灰尘清除。

（1）将镜头与机身分离

 图解演示

数码相机的镜头由 3 颗固定螺钉固定，一般在检修镜头时，首先拆下数码相机镜头的固定螺钉，如图 5-21 所示。注意该部分的固定螺钉较小，取下的固定螺钉应妥善保存。

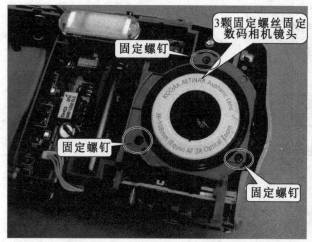

图 5-21　拆下数码相机镜头的固定螺钉

拆下固定螺钉之后，用镊子将固定指示灯的胶带撕开，取出指示灯，如图 5-22 所示。

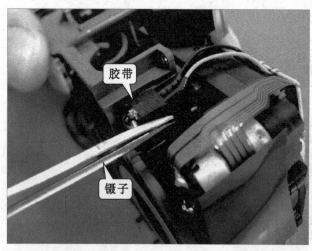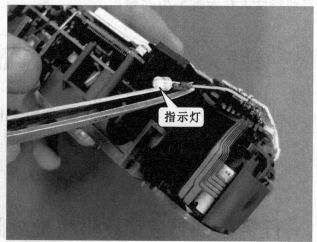

图 5-22　取出指示灯

接着使用螺丝刀拆下电路板上的固定螺钉，如图 5-23 所示。

取下固定螺钉后，打开镜头接口电路的卡口，用镊子将镜头连接数据线轻轻取出，以免损坏，然后用手将图像传感器与供电电路板分离即可将镜头拆卸出来。将镜头与机身分离，如图 5-24 所示。

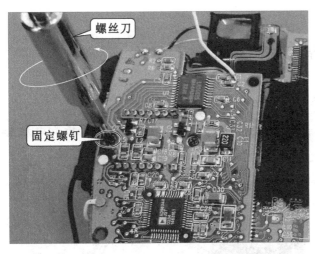

图 5-23 拆下电路板上的固定螺钉

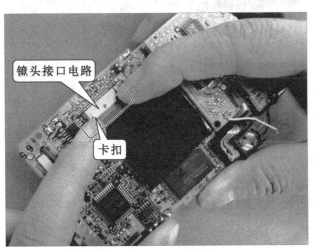

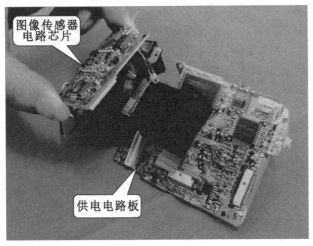

图 5-24 将镜头与机身分离

（2）将镜头整体拆卸

完成镜头与机身分离之后，将从相机中分离开的镜头进行整体拆卸。

图解演示

首先用螺丝刀将电机接触点的固定螺钉拧开，并用镊子将电机接触点取下。拆卸电机接触点，如图 5-25 所示。

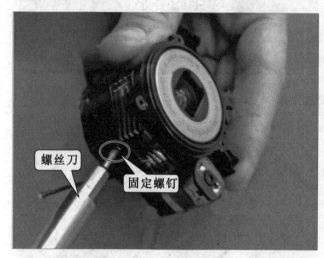
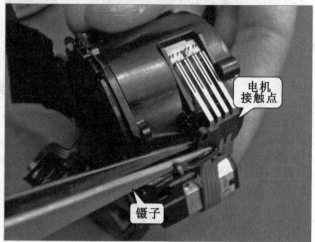

图 5-25　拆卸电机接触点

然后拆卸变焦电机。使用螺丝刀将变焦电机的固定螺钉取下，并用手将变焦电机取出。拆卸变焦电机，如图 5-26 所示。

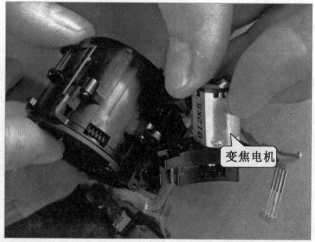

图 5-26　拆卸变焦电机

最后拆卸镜头保护盖内部，取出透镜。使用螺丝刀将镜头背面的固定螺钉拆下，镜头保护盖随即自动弹起，将弹簧取出，用镊子轻轻抬起镜头内部的数据线，将卡片的固定螺钉拆下，用镊子将卡片取出即可完成。拆卸镜头保护盖内部，如图 5-27 所示。

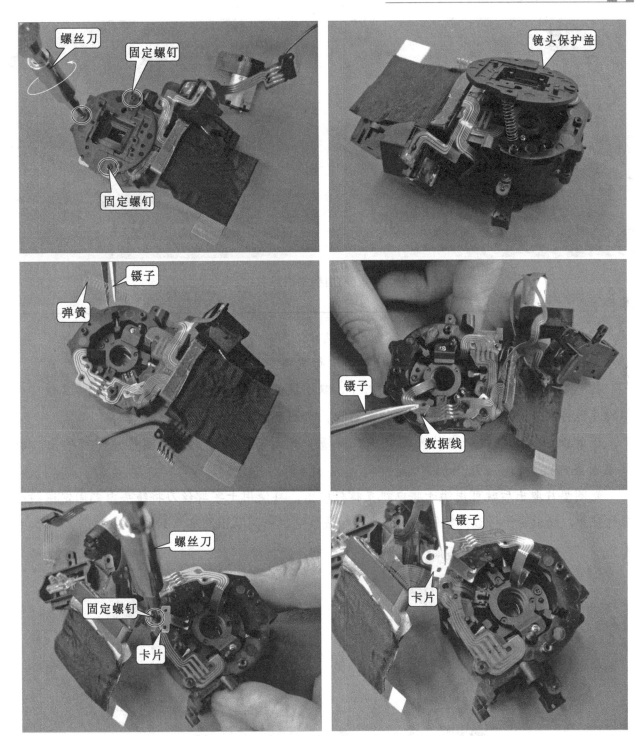

图 5-27　拆卸镜头保护盖内部

（3）使用棉签将灰尘清除

图解演示

使用螺丝刀将固定透镜的固定螺钉拆下，并取下固定透镜。透镜被取下后不能用手触摸，应当立即使用棉签对其进行清洁。使用棉签清除灰尘，如图 5-28 所示。

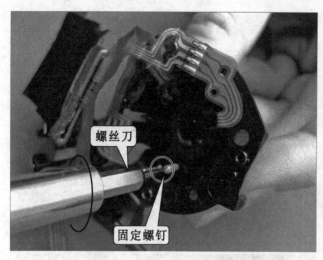

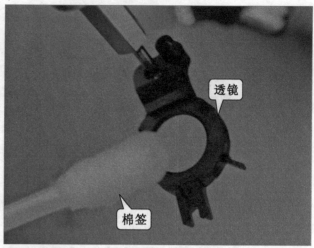

图 5-28　使用棉签清除灰尘

 提示

镜头中聚焦电机的检修方法，如图 5-29 所示。

若镜头内部的聚焦电机损坏，则应对其进行更换。

首先用螺丝刀将镜头外壳连接螺钉拧下，双手握住两端，慢慢向两端拉开即可将其镜头内部的透镜再次分开，然后用手将内部弹簧取出，如图 5-29（a）所示。

接着使用镊子将镜头中的光圈取下，将镜头光圈与镜头分离，光圈垫片即可掉出。取出光圈垫片，如图 5-29（b）所示。

光圈垫片取出后就可用镊子将电机支撑杆取出，再使用十字螺丝刀将镜头内部固定透镜的螺钉拧开，使用镊子将透镜整体、牵引线圈和聚焦电机一同取出即可，如图 5-29（c）所示。

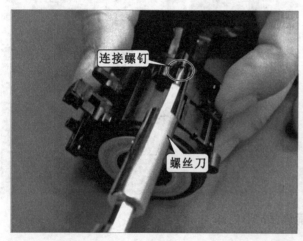

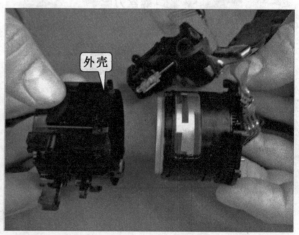

（a）取出弹簧

图 5-29　镜头中聚焦电机的检修方法

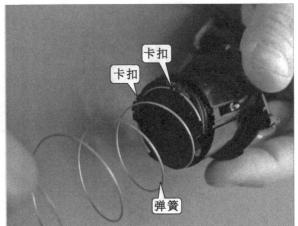

（a）取出弹簧

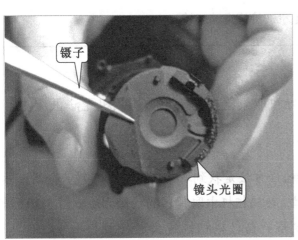

（b）取出光圈垫片

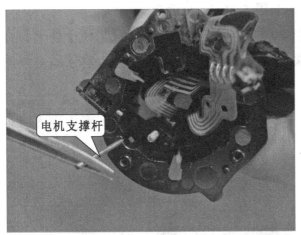

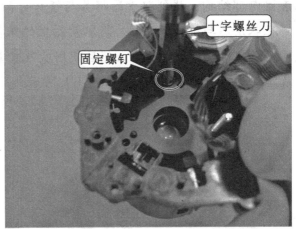

（c）取出电机支撑杆、透镜整体、牵引线圈和聚焦电机

图 5-29　镜头中聚焦电机的检修方法（续）

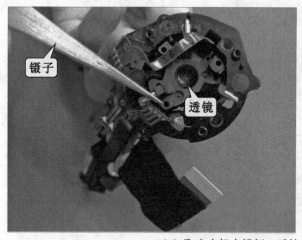

（c）取出电机支撑杆、透镜整体、牵引线圈和聚焦电机

图 5-29　镜头中聚焦电机的检修方法（续）

2. 数码相机取景器故障的检修方法

通常，数码相机取景器的内部灰尘过多将导致取景器损坏，使数码相机无法正常使用。

 图解演示

柯达 CX4230 数码相机中独立取景器损坏的检修方法是找到取景器并将其与镜头分离，然后对取景器内部进行拆卸，并使用清洁工具进行清洁。数码相机中取景器的检修方法如图 5-30 所示。

柯达 CX4230 数码相机取景器是由 3 颗固定螺钉与数码相机镜头进行固定并与之连接的。检修时，使用螺丝刀将取景器顶部右端、左端及后端的固定螺钉拆下，将其打开后即可看到取景器内部结构。找到取景器将其与镜头分离，如图 5-30（a）所示。

在取景器与镜头分离后，将取景器上的保护贴取下，即可看到卡扣，使用镊子将卡扣打开就可完成取景器内部的拆卸，然后使用吹气皮囊对取景器内部进行清洁。拆卸取景器内部并使用清洁工具进行清洁，如图 5-30（b）所示。

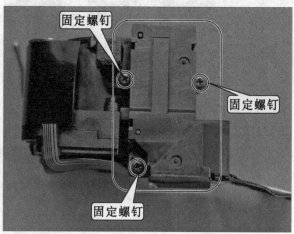

（a）找到取景器将其与镜头分离

图 5-30　数码相机中取景器的检修方法

 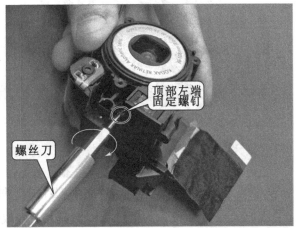

 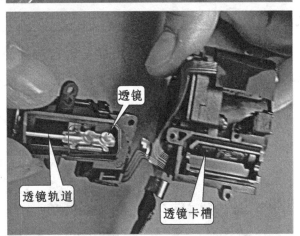

（a）找到取景器将其与镜头分离

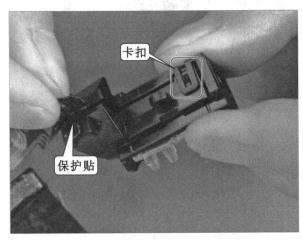 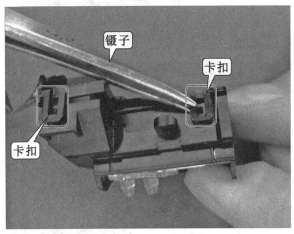

（b）拆卸取景器内部并使用清洁工具进行清洁

图 5-30　数码相机中取景器的检修方法（续）

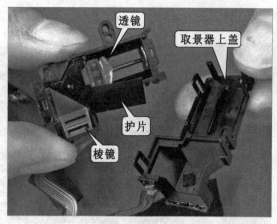
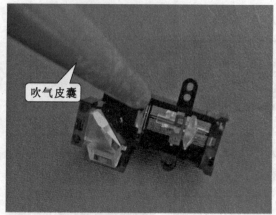

（b）拆卸取景器内部并使用清洁工具进行清洁

图 5-30　数码相机中取景器的检修方法（续）

提示

独立取景器中的透镜是由弹簧进行连接的，应防止其分离造成图像模糊，所以在检修独立取景器时，也应当注意连接透镜弹簧是否发生变形。检查取景器弹簧，如图 5-31 所示。

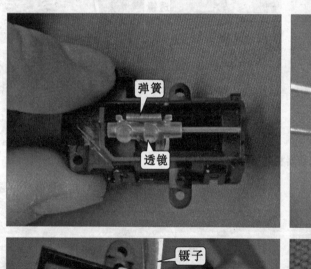
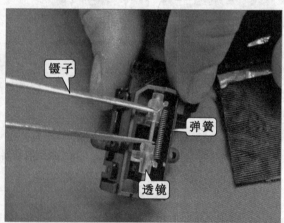
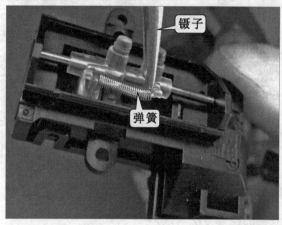

图 5-31　检查取景器弹簧

3. 数码相机 CCD 图像传感器芯片的检修方法

数码相机中 CCD 图像传感器芯片容易发生的故障是芯片中出现坏点，当对坏点进行检修时，首先要找到 CCD 图像传感器芯片的位置对其进行检查，然后再更换相同型号的图像传感器。

（1）找到数码相机的 CCD 图像传感器芯片

图解演示

首先使用十字螺丝刀卸下带有 CCD 图像传感器芯片的电路板上的固定螺钉，然后使用电烙铁将连接引线与液晶显示屏分离，用手将该电路板慢慢抬起以免将其损坏，最后使用电烙铁将该芯片底部与接口电路板连接的引线分离，并将其整体取下即可看到 CCD 图像传感器芯片，如图 5-32 所示。

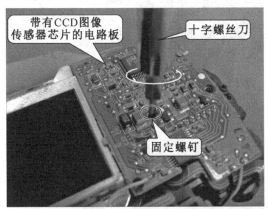
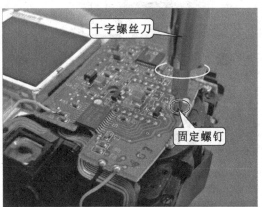
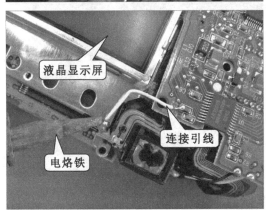
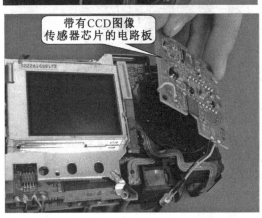
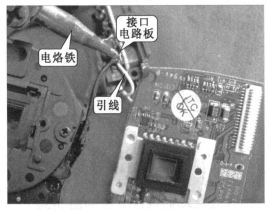
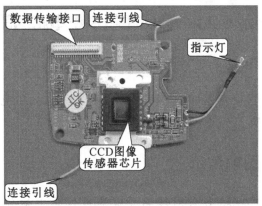

图 5-32　找到 CCD 图像传感器芯片

（2）更换相同型号的CCD图像传感器芯片

 图解演示

对数码相机中CCD图像传感器芯片的位置检查完成后，发现该CCD图像传感器芯片中有3处坏点，需要更换相同型号的传感器。首先使用电烙铁和吸锡器将传感器引脚与电路板分离，然后使用相同型号且性能良好的CCD图像传感器芯片进行更换，最后使用镊子将其固定，再使用焊锡与电烙铁将其焊接即可，如图5-33所示。

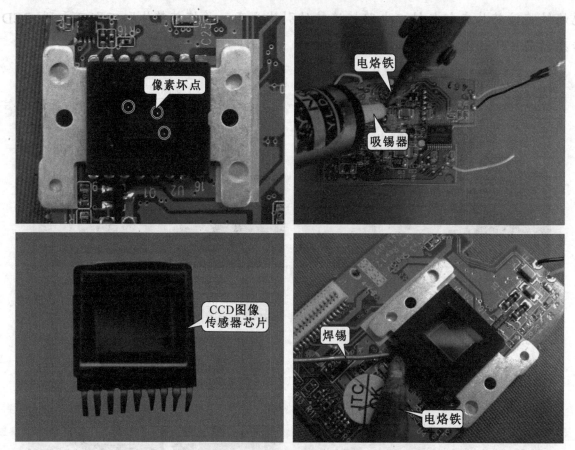

图5-33　更换相同型号的CCD图像传感器芯片

技能演示 5.2.2　数码相机供电电路的检修训练

1. 电池的检修方法

电池是为整个数码相机提供能源的，当电池损坏或者电池中电量耗尽时，数码相机不能正常开机。

 图解演示

数码相机多采用锂离子电池或镍氢电池供电，镍氢电池的检修方法如图5-34所示。

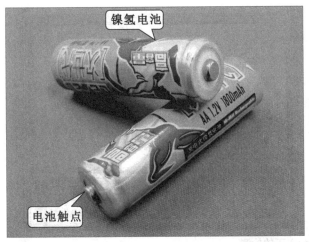
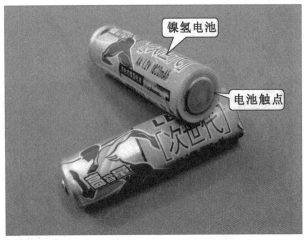

（a）观察电池触点表面是否有锈蚀现象

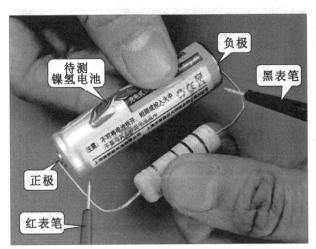

（b）万用表检测电池输出电压是否正常

图 5-34　镍氢电池的检修方法

2．电源开关的检修方法

在电池供电正常的情况下，按下电源开关，数码相机出现不开机故障时，应重点检测数码相机的电源开关是否失灵。

 图解演示

将万用表的两只表笔分别搭在电源开关的两端，通过检测电源开关断开和闭合两种状态下的电阻值来判断其好坏。电源开关的检测方法如图 5-35 所示。

正常情况下，电源开关在复位状态下的阻值为无穷大，即触点处于断开状态，按下状态时阻值为 0Ω，即触点处于接通状态。若电源开关无论处于何种状态，电源开关触点均处于接通或均处于断开状态，则说明电源开关已损坏，需要更换。

（a）开关断开状态下的检测

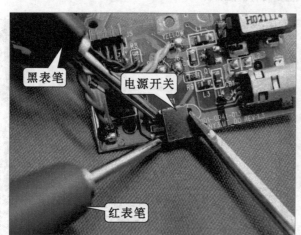

（b）开关闭合状态下的检测

图 5-35　电源开关的检测方法

在有些数码相机中，既可使用普通电池也可使用专用电池进行供电。在采用专用电池供电时，通常设有一个专用电池开关，其检测方法与电源开关相同，如图 5-36 所示。

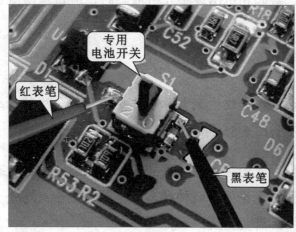

（a）开关复位状态下的检测

图 5-36　专用电池开关的检测

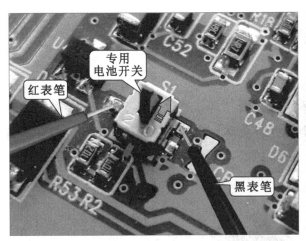

（b）按下开关状态的检测

图 5-36 专用电池开关的检测（续）

正常情况下，专用电池开关在复位状态下的阻值为无穷大，即触点处于断开状态，按下状态时阻值为 0 Ω，即触点处于接通状态；若专用电池开关无论处于何种状态，开关触点均处于接通或均处于断开状态，则说明专用电池开关已损坏，需要更换。

3．电池接口的检修方法

电池接口用于传递电池的电量，当其出现故障时则无法输送电池输出的电压，检修时也应重点检查该接口。

图解演示

检查电池接口触点是否有虚焊、断裂，表面是否被氧化等，若电池接口触点被氧化，使用蘸有酒精的棉签进行擦拭。电池接口的检修如图 5-37 所示。

图 5-37 电池接口的检修

4．热敏电阻器的检修方法

热敏电阻器损坏后，会发出错误的检测信号，使数码相机无法开机工作。因此，热敏电阻器也是数码相机出现不开机时应重点检查的器件。

 图解演示

对热敏电阻器进行检测前,应先观察其引脚及焊点是否损坏,然后使用万用表对热敏电阻器在常温状态和温度上升状态下的阻值进行检修,来判读是否损坏。热敏电阻器的检测如图5-38所示。

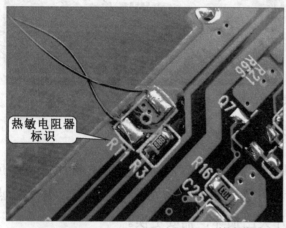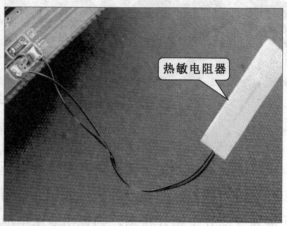

（a）检查热敏电阻器的引脚及焊接处

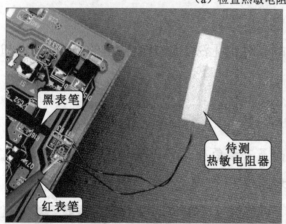

（b）热敏电阻器在常温状态下阻值的检测

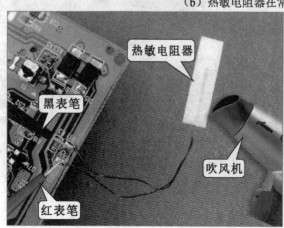

（c）热敏电阻器温度在上升状态下阻值的检测

图5-38　热敏电阻器的检测

若经检查发现热敏电阻器引脚与电路板的连接处断裂，则需使用电烙铁重新进行焊接，焊接断裂的引脚，如图 5-39 所示。若经检测热敏电阻器常温状态下的阻值为无穷大或随温度的升高阻值无任何变化，则均表明热敏电阻器已损坏，需要对其进行更换。

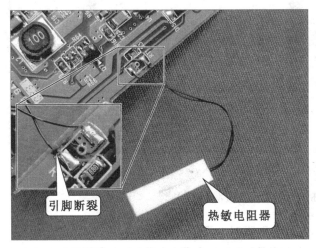

图 5-39 焊接断裂的引脚

5. 电源管理芯片的检修方法

电源管理芯片若出现引脚虚焊或损坏，可能导致工作电压不正常，无法为数码相机各单元电路提供所需的工作电压，造成数码相机不能开机的故障，此时需要对其进行检测。

 图解演示

在检测电源管理芯片之前，应先观察芯片的引脚是否出现虚焊或者损坏等故障。若芯片表面正常，再使用万用表进行检测。电源管理芯片断电状态下的检测如图 5-40 所示。电源管理芯片各引脚对地阻值见表 5-1。

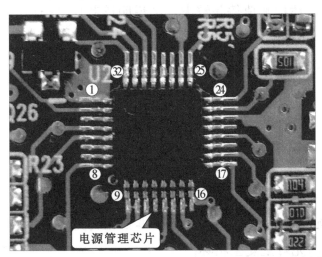
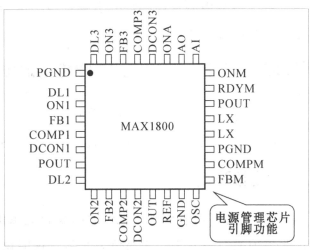

（a）查看电源管理芯片引脚

图 5-40 电源管理芯片断电状态下的检测

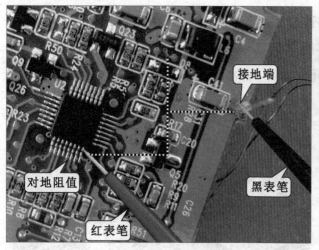

（b）电源管理芯片引脚对地阻值的检测

图5-40 电源管理芯片断电状态下的检测（续）

表5-1 电源管理芯片各引脚对地阻值

引　脚	对地阻值	引　脚	对地阻值	引　脚	对地阻值	引　脚	对地阻值
①	0Ω	⑨	16Ω	⑰	15Ω	㉕	14Ω
②	10Ω	⑩	15Ω	⑱	12Ω	㉖	8Ω
③	16Ω	⑪	12.5Ω	⑲	0Ω	㉗	8Ω
④	16Ω	⑫	9.5Ω	⑳	6.5Ω	㉘	10Ω
⑤	13Ω	⑬	8Ω	㉑	6.5Ω	㉙	14Ω
⑥	9.5Ω	⑭	10Ω	㉒	8.5Ω	㉚	15Ω
⑦	8.5Ω	⑮	0Ω	㉓	12Ω	㉛	11.5Ω
⑧	9.5Ω	⑯	14Ω	㉔	13Ω	㉜	9Ω

若经检测电源管理芯片的引脚对地阻值与上述检测值偏差较大，则说明该芯片已损坏，需要对其进行更换。

技能演示 5.2.3　闪光灯控制电路的检修训练

闪光灯控制电路如图5-41所示。

闪光灯控制电路出现故障的检测方法如图5-42所示。

 图解演示

① 使用万用表检测闪光灯泡两端的电阻值，如图 5-42（a）所示。其阻值为无穷大时，说明该闪光灯泡正常；其阻值为 0 时，说明该闪光灯泡发生损坏。

② 检测闪光灯负极的供电电压，将万用表调至 500V，检测闪光灯正极的电压，如图 5-42（b）所示。正常情况下的电压应当为 270V 左右，若电压过低则说明有故障。

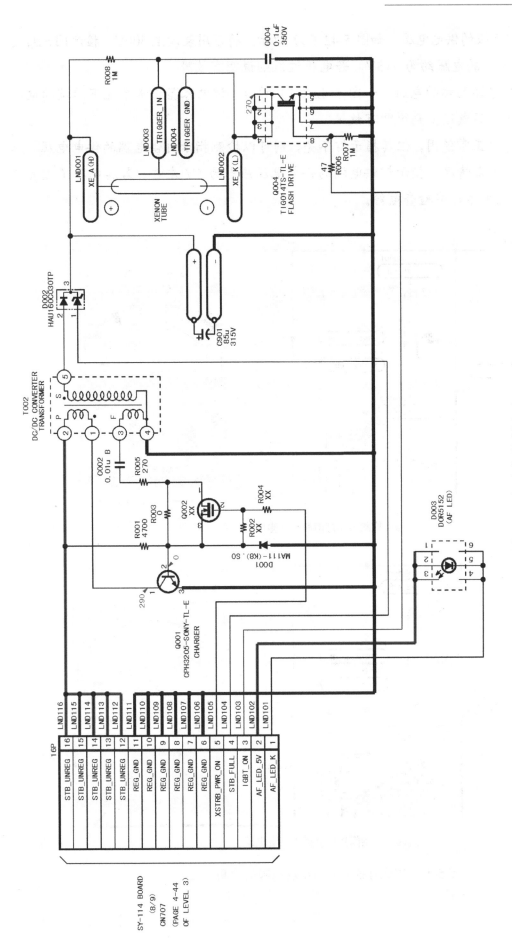

图 5-41 闪光灯控制电路

③ 检测闪光灯正极的供电电压，如图 5-42（c）所示。将万用表调至 500V，检测闪光灯负极的电压，正常情况下的电压约为 315V，若电压过低则说明有故障。

④ 检测充电电容器两端的电压，如图 5-42（d）所示。该电容器正常情况下两端的电压约为 315V，若电压过高或过低则说明有故障。

⑤ 若闪光灯可以正常使用，但其指示灯不亮，则可以检测指示灯供电端的供电电压，如图 5-42（e）所示。正常情况下指示灯供电端的供电电压应当为 5V 左右。若其电压值过大或过小，则说明该供电失常，应检查电源。

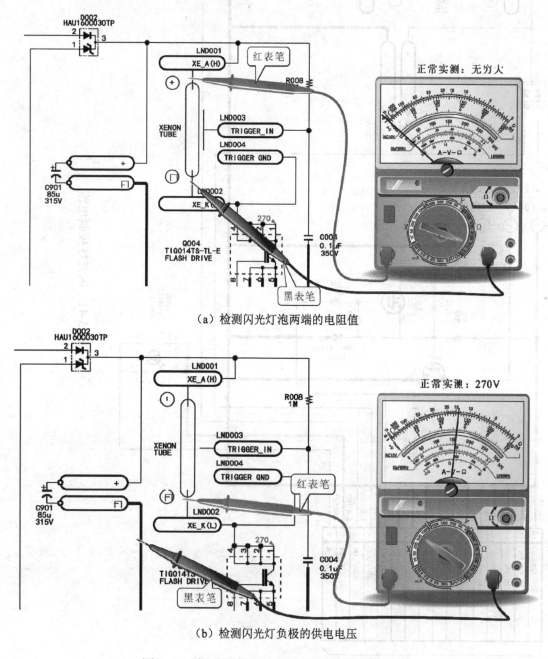

（a）检测闪光灯泡两端的电阻值

（b）检测闪光灯负极的供电电压

图 5-42　闪光灯控制电路出现故障的检测方法

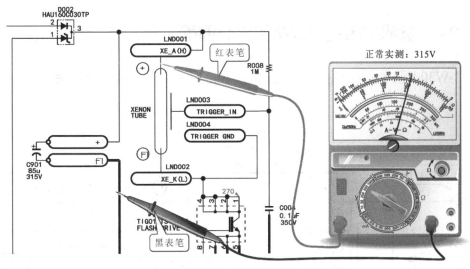

（c）检测闪光灯正极的供电电压

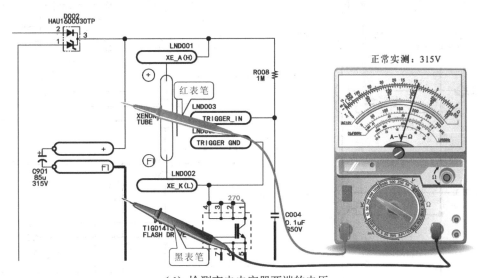

（d）检测充电电容器两端的电压

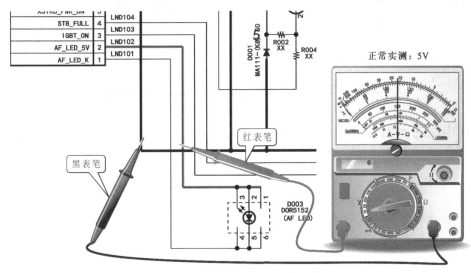

（e）检测指示灯供电端的供电电压

图5-42 闪光灯控制电路出现故障的检测方法（续）

技能演示 5.2.4　数码相机控制电路的检修训练

索尼 DSC-W300 型数码相机控制电路如图 5-43 所示。重点要检查微处理器的工作条件以及信号输出。

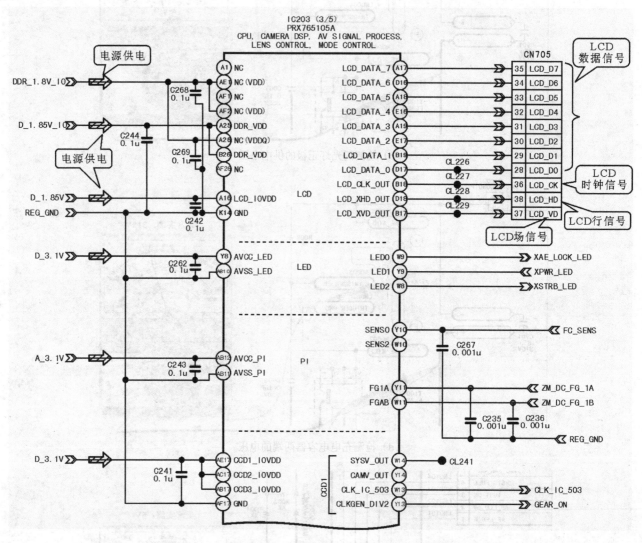

图 5-43　索尼 DSC-W300 型数码相机控制电路

LCD 控制电路的元器件分布图如图 5-44 所示。

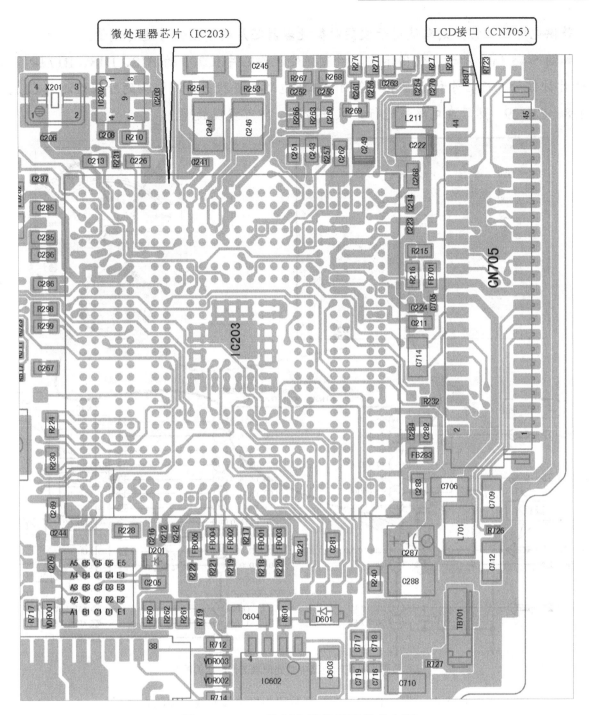

图 5-44　LCD 控制电路的元器件分布图

 图解演示

　　下面以索尼 DSC-W300 型数码相机黑屏为例进行故障检测，如图 5-45 所示。检测时，首先对微处理器的供电电压进行检测，如图 5-45（a）所示。根据图 5-45（a）所示，该数码相机微处理器 IC203 的 AE1、A25、B26、A16 脚能够检测到供电电压。由于该微处理器芯片采用表面贴装技术，引脚不易检测，故根据电路图查找出待测引脚的外围元器件，从而实现对微处理器芯片 IC203 供电电压的检测。

若供电电压正常，则需使用示波器对微处理器芯片的输出信号进行测量。

如图 5-45（b）所示，使用示波器检测微处理器芯片 IC203 的 B18、D18、B17 脚输出的 LCD 时钟信号、行信号和场信号，检测时根据电路图查找出待测引脚的外围检测点 CL227、CL228、CL229，然后在电路板进行查找并检测，即可发现故障。

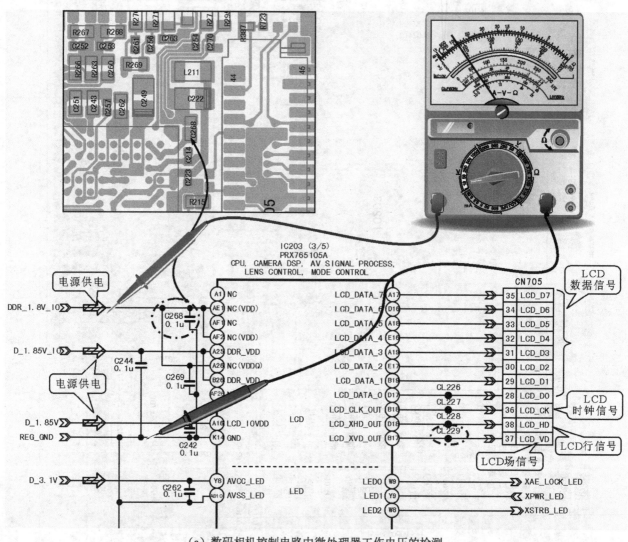

（a）数码相机控制电路中微处理器工作电压的检测

图 5-45　索尼 DSC-W300 型数码相机黑屏的故障检测方法

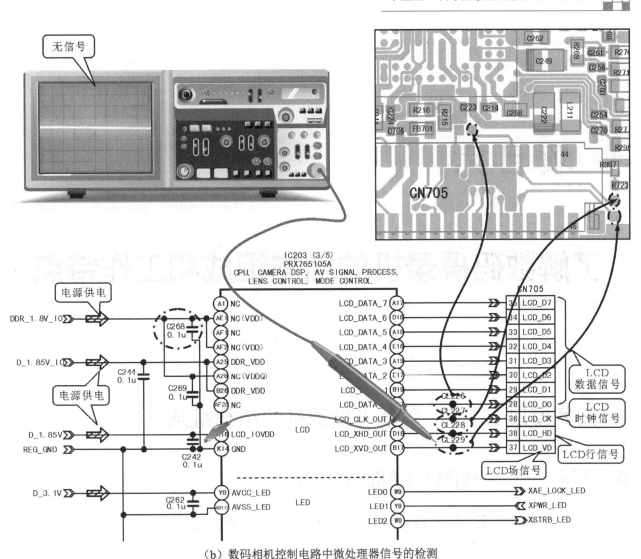

（b）数码相机控制电路中微处理器信号的检测

图 5-45 索尼 DSC-W300 型数码相机黑屏的故障检修方法（续）

项目六

了解数码摄录机的结构组成和工作特点

任务模块 6.1 了解数码摄录机的结构组成

新知讲解 6.1.1 了解数码摄录机的种类特点

数码摄录机的英文名称为 Digital Video（DV），它是一种集电、磁、声、光等多种科技为一体的电子产品。数码摄录机与数码相机非常相似，同样是将拍摄的影像快速地转换为数码信号，将数码信号存储在存储介质上，可以通过数据线的连接传输到显示媒介中进行显示或输入计算机中进行编辑。目前，常见的数码摄录机是通过存储介质的类型进行分类的。如磁带式数码摄录机、存储卡式数码摄录机、硬盘式数码摄录机与光盘式数码摄录机等。

1. 磁带式数码摄录机

 图文讲解

如图 6-1 所示为磁带式数码摄录机。磁带式数码摄录机是以磁带作为存储介质的摄录机，它是最早推出的数码摄录机类型，清晰度高，可以对录像带上的信号进行多次转录，且不会对其质量产生影响。当录制好后，需要对录像带进行编辑。数码摄录机在使用中同样需要一些专业的操作技巧。

图 6-1　磁带式数码摄录机

2．存储卡式数码摄录机

 图文讲解

　　存储卡式数码摄录机如图 6-2 所示。存储卡式数码摄录机是以存储卡作为存储介质的摄录机，它是目前市场上比较流行的数码摄录机。存储卡式数码摄录机的抗震性能较强，而且存储卡可以进行反复读写，不会像磁带式数码摄录机那样覆盖原有的视频图像。当视频图像录制好以后，可以通过音/视频线缆与显示仪器进行连接，观看拍摄的视频图像，也可以通过数据线与计算机相连，将录制好的数字信号进行输出。随着存储卡技术的成熟，存储卡的容量也逐渐增大，有一些高端存储卡的容量可以达到微型硬盘的存储量，所以使存储卡式数码摄录机更受到消费者的欢迎。

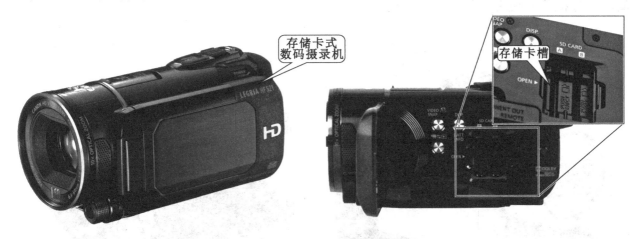

图 6-2　存储卡式数码摄录机

3. 硬盘式数码摄录机

 图文讲解

硬盘式数码摄录机如图 6-3 所示。硬盘式数码摄录机是指采用硬盘作为存储介质的数码摄录机，其拥有大容量的存储空间，可以用来拍摄长时间的视频。通过数据线将录制好的视频图像直接传输到计算机中进行播放或利用计算机对视频直接进行编辑。但由于硬盘式数码摄录机的防震性能未能得到完善，所以在使用中要注意防震，防止其损坏。

图 6-3　硬盘式数码摄录机

4. 光盘式数码摄录机

 图文讲解

光盘式数码摄录机如图 6-4 所示。光盘式数码摄录机是指采用 DVD 光盘作为存储介质的摄录机，其操作较为简单、携带方便，在拍摄过程中不必担心重复拍摄会将原有已经录制好的视频覆盖掉。用光盘式数码摄录机录制好的光盘可以直接放置在 DVD 影碟机中进行播放，使用户对视频的使用和保存更为便利。

图 6-4　光盘式数码摄录机

资料链接

目前，一些商家已经将两种或者是多种存储介质设计在一台数码摄录机上，使存储容量得到提升，并且使用更为方便。光盘加硬盘式数码摄录机如图6-5所示。

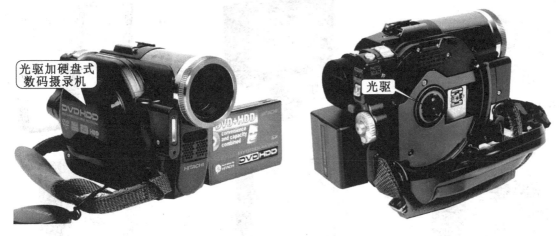

图6-5　光盘加硬盘式数码摄录机

提示

数码摄录机还可以按照"高清""标清"进行分类，对于"高清""标清"的划分首先来自所能看到的视频效果。所谓"标清"（英文为 Standard Definition）是物理分辨率在 720 p 以下（一般在 400p 左右）的一种视频格式（720p 是指视频的垂直分辨率为 720 线逐行扫描）。而物理分辨率达到 720 p 以上，则称作"高清"（英文为 High Definition，简称 HD）。关于高清的标准，国际上公认的有两条：视频垂直分辨率超过 720 p 或 1080 i；视频宽纵比为 16∶9。i（interlace）代表隔行扫描；p（progressive）代表逐行扫描，这两者在画面的精细度上有着很大差别。高清数码摄录机带有高清接口，使用高清（HDMI）数据线与液晶电视的高清接口进行连接，可以直接观看高清画面。

新知讲解 6.1.2　了解数码摄录机的配套设备

在使用数码摄录机时有很多必不可少的配套设备，如摄影灯、录像带、光盘、三脚架、UV 滤镜、存储卡、读卡器、高清数据线等。它们都起着不同的作用，可以使数码摄录机使用便捷，达到所需成像要求。

1. 摄影灯

图文讲解

摄影灯用在光线不足的拍摄环境中，可以对拍摄物体进行补光。数码摄录机与数码相机在拍摄时需要的补光效果不同，数码相机需要的补光效果是瞬时补光，而数码摄录机需要面积较大而且是长时间的补光效果，摄影灯正是可以长时间进行补光的配套设备。由于补光效果不同，摄影灯的样式也有所不同，如图6-6所示。

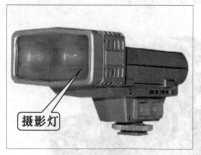

图 6-6　摄影灯

提示

值得注意的是在使用摄影灯进行补光拍摄时，LED摄影灯的电能消耗很大，供电电池一般可以持续拍摄2小时左右，若需要较长的工作时间，应当准备好备用电池。

2．录像带

图文讲解

数码摄录机中使用的磁带体积小巧，它的宽度为6.35mm，录制的影像清晰，水平解析度高达500线，可产生无抖动的稳定画面，不同厂家的录像带可以录制的时间也有所不同，如图6-7所示。

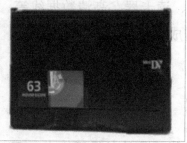

图 6-7　录像带

3. 光盘

光盘式数码摄录机可以使用 DVD-R、DVD+R、DVD-RW、DVD+RW 的光盘来存储录制的视频图像。

 图文讲解

光盘如图 6-8 所示，DVD-R 光盘与 DVD+R 光盘为可写入式光盘，DVD-RW 光盘、DVD+RW 光盘为可反复写入式光盘。

图 6-8　光盘

4. 三脚架

三脚架不仅是数码相机必备的辅助工具，而且也是数码摄录机的重要辅助工具。在选择数码摄录机所使用的三脚架时，一定要考虑该三脚架的承重能力以及稳定性能。如果需要移动拍摄，应当选择带有滑轮的三脚架。

5. UV 滤镜

 图文讲解

UV 滤镜可以保护数码摄录机的镜头，防止沾染灰尘或损伤镜面，还带有滤除紫外线的功能。不同数码摄录机的镜头口径不相同，所以在选择 UV 滤镜时，应当根据镜头的内径进行选择，如图 6-9 所示。

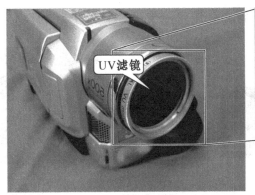

图 6-9　UV 滤镜

提示

有的数码摄录机的镜头保护盖为内置保护盖，无法通过安装 UV 滤镜进行保护。所以，数码摄录机在使用后，应尽快将镜头保护盖闭合，防止对镜头造成损害。内置镜头保护盖如图 6-10 所示。

内置镜头保护盖

图 6-10　内置镜头保护盖

6. 存储卡

数码摄录机中的存储卡可以用来存储拍摄的视频信息和照片。由于数码摄录机录制视频时需要较大的存储空间，所以在选择存储卡时应当选择存储容量较大的存储卡，也可以购买备用存储卡。当一张存储卡存满后，可以使用另一张存储卡继续进行录制。

图文讲解

数码摄录机中常使用的存储卡的类型有 MMC、MS、MS Pro、SD 等 4 种存储卡，如图 6-11 所示，MMC（MultiMedia Card）卡的尺寸为 32mm×24mm×1.4mm，采用 7 针的接口，没有读写保护开关；MS 卡为 SONY 公司推出的记忆棒，采用了 10 针接口结构，并内置有写保护开关；MS Pro 卡为增强型记忆棒，其最高传输速度可达 160Mbps，但是 MS Pro 卡不向下兼容原有的记忆棒，因此购买产品时必须看清楚是否支持这种类型的记忆棒；SD 卡（Secure Digital），可以通过加密功能保证数据资料的安全保密，使用 SD 卡的卡槽可以装载 MMC 卡。

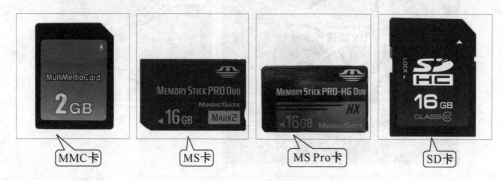

MMC卡　　MS卡　　MS Pro卡　　SD卡

图 6-11　存储卡

7. 读卡器

 图文讲解

读卡器可以用来插接存储卡，利用 USB 接口与计算机进行连接，使计算机可以读取存储卡上的信息。由于存储卡的类型不同，所以读卡器的接口也不同。有一些读卡器设有多种存储卡接口，便于读取不同存储卡上的信息，如图 6-12 所示。

图 6-12　读卡器

8. 高清晰多媒体接口线

 图文讲解

随着数码摄录机高清技术的推出，可以通过高清晰多媒体接口线与高清数字电视进行连接，播放数码摄录机拍摄的高清视频与多声道数字音频。所以高清晰多媒体接口线也成为数码摄录机的重要配件之一，如图 6-13 所示。

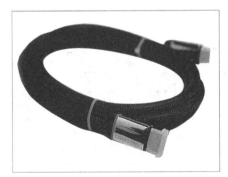

图 6-13　高清晰多媒体接口线

新知讲解 6.1.3　了解数码摄录机的结构组成

1. 数码摄录机的外部结构

数码摄录机的种类有所不同，但其组成的基本元素大致相同。基本上都是由镜头、操作按键（如播放按键、操作按键、焦距按键）、LCD 液晶屏、电池仓、取景器、麦克风（扬声器）、存储介质接口（磁带仓、硬盘仓、存储卡插槽、光盘仓）等构成的。

 图文讲解

数码摄录机的外部结构如图 6-14 所示。有一些数码摄录机由于机身大小的限制已取消了取景器，取景功能完全交由 LCD 液晶屏来实现。

图 6-14　数码摄录机的外部结构

2. 数码摄录机的内部结构

 图文讲解

数码摄录机的内部结构如图 6-15 所示。不论是哪种类型的数码摄录机，其内部结构都基

本相似，都是在镜头的后面大都设有 CCD 图像传感器芯片。当镜头对准景物时，景物的光图像会穿过镜头照射到 CCD 图像传感器芯片的感光面上，CCD 图像传感器芯片便会将光图像变成电信号，即图像信号。图像信号经过 A/D 转换器电路变成数码图像信号后，再进行记录压缩编码处理，以适应于不同的介质（磁带、存储卡、光盘、硬盘）。不同介质需要不同的信号处理电路，音频信号需要与视频信号同步处理。为了能从介质上播放图像和伴音信号，还设有播放和输出电路。与此同时，图像信号还可以经驱动电路显示在 LCD 液晶显示屏上。

图 6-15　数码摄录机的内部结构

任务模块 6.2　知晓数码摄录机的工作特点

新知讲解 6.2.1　搞清数码摄录机的电路组成

数码摄录机的内部电路通常设置有成像电路、供电电路、操作显示电路、存储电路和控制电路等部分。

 图文讲解

磁带式数码摄录机的整机电路结构图（夏普 VL-Z800）如图 6-16 所示。不同品牌、不同型号的数码摄录机的设计方案各有特点，其内部组成电路板的布局不尽相同。

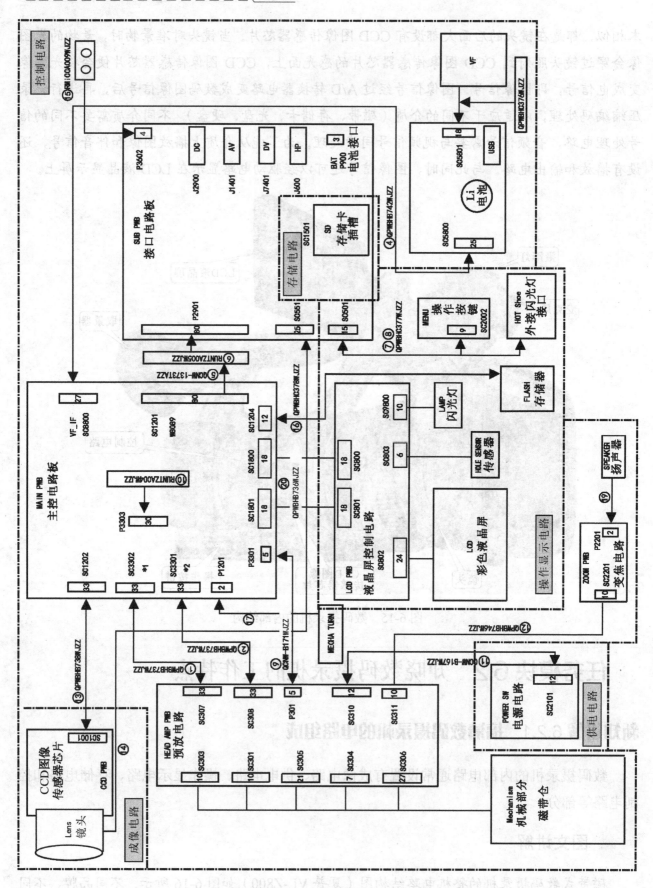

图 6-16　磁带式数码摄录机的整机电路结构图（夏普 VL-Z800）

6.2.2　搞清数码摄录机的工作过程

1. 数码摄录机的整机工作流程

 图文讲解

各类数码摄录机的工作流程基本相同，数码摄录机整机电路信号流程图如图 6-17 所示。

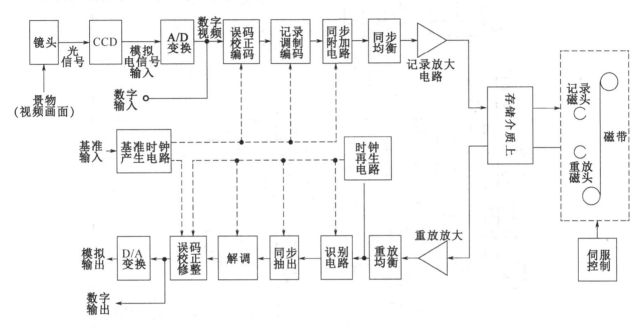

图 6-17　数码摄录机整机电路信号流程图

由图 6-17 可以看到，拍摄的景物视频经镜头、CCD 图像传感器芯片和 A/D 转换电路可以变成数字视频信号，数字视频信号经误码校正编码、记录调制编码、同步附加电路、同步均衡和记录放大电路处理后，将数字视频信号记录到存储介质上（录像带、存储卡、光盘、硬盘）。播放视频时，读取存储介质上（磁带、存储卡、光盘、硬盘）的数字视频信号进行重放放大、重放均衡、识别、同步抽出、解调、误码校正修整处理后输出，再经 D/A 转换电路，可以输出模拟信号至电视机，进行视频播放。

2. 数码摄录机电路间的关系

 图文讲解

数码摄录机的整机电路关系图如图 6-18 所示。摄像时的信号流程如图中箭头所示，景物图像经镜头投射到 CCD 图像传感器芯片上，在 CCD 图像传感器芯片上光图像转变成电信号，在同步信号的驱动下输出，送到 CDS/AGC/AD 电路（CDS 是指 CCD 图像传感器芯片信号的预放电路，AGC 是指自动增益控制放大器，AD 是指 A/D 转换器），将图像信号变成数字信号，送到摄像信号的数字处理电路 DSP 中。在 DSP 数字处理芯片电路中对数字视频信号进行处理，然后再送到数字视频编码解码处理电路中，将数字视频信号按 DV 格式编码，形成统一标准的数字信号。这种数字信号送到多个电路中进行处理。

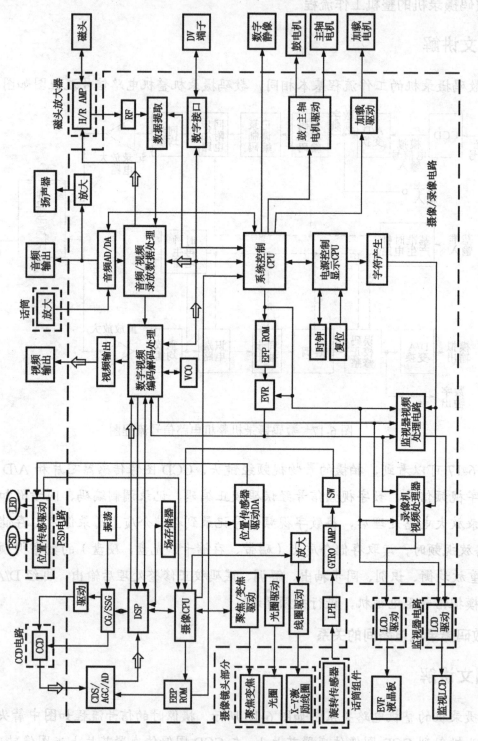

图 6-18　数码摄录机的整机电路关系图

● 统一标准的数字信号经视频输出电路变成视频模拟信号送到视频输出端。

● 统一标准的数字信号送到音/视频录放数据处理电路，与音频数字信号合成。然后送到磁头放大器，经旋转视频磁头将数字音/视频信号记录到磁带上。

● 统一标准的数字信号送给录像器和 LCD 显示部分：主要完成 LCD 驱动，将视频显示在监视器和录像器上。

（1）摄像部分

摄像部分是指摄录机摄取图像信号的部分，当摄录机的镜头对准景物时，景物图像就会通过镜头照射 CCD 图像传感器芯片，将光图像变成电信号，并在驱动信号的作用下输出图像信号到 IC203。IC203 是摄像信号处理电路，它完成对图像信号的取样和 AGC 放大。摄像部分的同步信号发生器是一个晶体振荡器，X201 是 31.5MHz 的晶体，IC202 经分频后产生 IC203 所需要的取样脉冲和 IC201 所需的同步脉冲，IC201 产生 CCD 图像传感器芯片的驱动脉冲使 CCD 图像传感器芯片中的电荷在驱动脉冲的作用下进行扫描。

（2）摄像信号处理电路

摄像信号处理电路主要是对摄取的图像信号进行数字处理、数字编码等。来自摄像电路 IC203 的图像信号首先送到 IC303 中进行 A/D 转换，变成 10 比特的数字信号，再送到 IC301（DSP 数字处理芯片）中进行数字处理。经 DSP 数字处理芯片处理后将图像信号变成亮度和色度分离的数字信号，并送到 IC3001（DVIO）电路中，进行标准数字格式的信号处理。IC3001 处理后的数字信号分别送到几种电路中进行处理。

① 将亮度和色度信号变成模拟信号送到 IC3006 视频驱动电路，由 IC3006 分别输出视频信号和亮度、色度信号。

② 将视频信号变成亮度和色差信号送到监视器电路，在录像器和监视器上显示视频。

③ IC3001 的视频数字信号经 IC3002 存储器送到 IC3003 中视频数据压缩处理电路进行压缩编码。

④ 视频数字信号经压缩编码处理后将信号送到 IC3201 中，音频数字信号也送到 IC3201 中，然后再对这两种数字信号进行记录编码处理，同时在电路中进行自动磁迹跟踪处理。经编码的数字信号由 IC3201 输出送到磁头放大器进行放大，然后经旋转变压器，再送到记录磁头上。记录时磁鼓旋转，在磁带上形成一条一条的倾斜磁迹。

（3）音频电路

音频电路由话筒放大器、扬声器及驱动放大电路、音频接口电路等部分构成。在记录状态时，话筒信号经放大后送到音频接口电路，在音频接口电路中变成数字信号，然后送入 IC3003 中，与视频数字信号一起送到 IC3201 进行记录处理。

在重放状态时，磁头输出的数字信号再由 IC3003 送到音频接口电路，再变成模拟信号，由 IC4001 放大→IC4201 驱动放大→扬声器发声。

（4）系统控制和伺服电路

系统控制和伺服电路的主体是 IC2001。IC2001 是一个微处理器。摄录机的鼓电机、主导轴电机及加载电机是它的控制对象。鼓电机与主导轴电机都要求与视频信号同步，播放时还要求使旋转的视频磁头准确地跟踪磁带上的磁迹。

摄录机在进行软件调整和维修时，外部的调整装置要与系统控制微处理器进行数据交换及数据更改、存储等操作。

（5）监视器电路

NV-DS1/S5 摄录机具有一个 0.5 英寸的彩色电子录像器和一个 3.8 英寸的彩色液晶显示器，来自摄像信号处理电路的亮度信号（Y）和色差信号（R-Y,B-Y）分别被送到视频信号处理电路 IC601 和 IC602。IC601 是为 EVF 液晶板提供信号的电路，将视频信号处理成驱动液晶板的驱动信号。IC602 是为监视器上的 LCD 液晶屏提供信号的电路。

项目七

掌握数码摄录机的使用与保养维护方法

任务模块 7.1 掌握数码摄录机的使用方法

新知讲解 7.1.1 展示数码摄录机的功能特色

数码摄录机是视频拍摄的主要设备，是视频编辑系统中最主要的信息采集设备。数码摄录机最大的特点就是采用了微型 DV 磁带和全数字记录方式，视频在复制或编辑后不会使图像质量下降。数码摄录机结构精巧、性能良好，应用方式灵活多变，拍摄的视频节目是数字式的，可以通过网络传输，由计算机处理；也可以与其他相关设备进行信息传输、处理和应用。

数码摄录机连接其他数字设备如图 7-1 所示，数码摄录机可以输出数字视频和音频信号，可通过专用数字接口（IEEE 1394）直接与计算机相连，对数字视频进行处理（计算机需要安装相应的软件），经处理后的数字信号可以送回摄录机并记录到磁带上，也可以刻成光盘。数码摄录机将节目制成 VCD 或 DVD 光盘，如图 7-2 所示。

数码摄录机的功能多样，可以将动态的画面与景物转换为数字信号存储在存储介质上，也可以通过液晶屏与显示媒介播放拍摄的视频信号，将画面与声音完美地重现；还可以像数码相机一样拍摄图片。

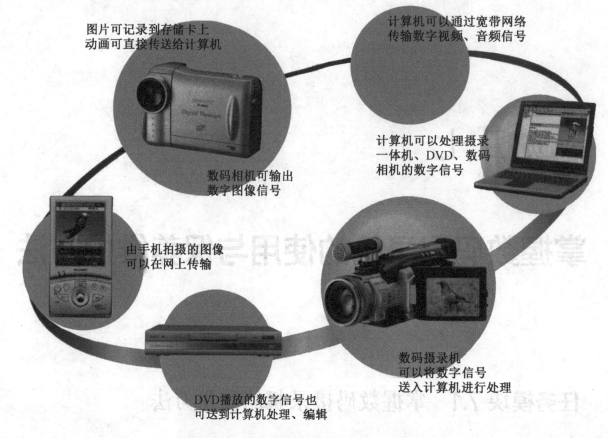

图片可记录到存储卡上
动画可直接传送给计算机

计算机可以通过宽带网络
传输数字视频、音频信号

数码相机可输出
数字图像信号

计算机可以处理摄录
一体机、DVD、数码
相机的数字信号

由手机拍摄的图像
可以在网上传输

数码摄录机
可以将数字信号
送入计算机进行处理

DVD播放的数字信号也
可送到计算机处理、编辑

图 7-1 数码摄录机连接其他数字设备

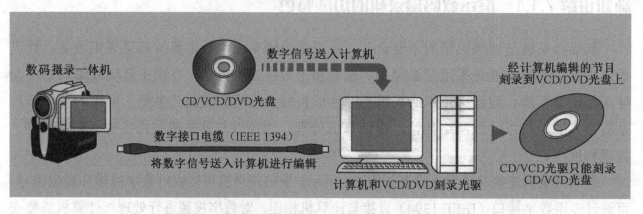

数码摄录一体机

数字信号送入计算机

CD/VCD/DVD光盘

数字接口电缆（IEEE 1394）
将数字信号送入计算机进行编辑

计算机和VCD/DVD刻录光驱

经计算机编辑的节目
刻录到VCD/DVD光盘上

CD/VCD光驱只能刻录
CD/VCD光盘

图 7-2 数码摄录机将节目制成 VCD 或 DVD 光盘

1. 数码摄录机的摄录功能

数码摄录机最基础的功能为摄录功能，它可以将画面与声音同时进行收录，将其转换成数字信号进行存储，再通过 LCD 液晶屏将存储的数字信号进行播放。也可以将数字信号输出到计算机中，使用计算机中的编辑软件对录制的画面与声音进行处理。数码摄录机的摄像功能经常被用来进行婚礼现场的拍摄，可以将婚礼当天的景象进行摄录；还可以用来拍摄家庭聚会，留下家庭团聚的美好时刻；还可以用于出外游玩时拍摄沿途美丽的风景作为纪念；此外还有很多场合都可以使用数码摄录机记录下重要的时刻。

2. 数码摄录机的拍照功能

大部分数码摄录机都带有拍照功能，外出拍摄时，只需带上数码摄录机即可。它的 LCD 液晶屏要比一些数码相机的液晶屏使用方便，因为多数数码摄录机的 LCD 液晶屏带有旋转功能，可以进行自拍，从而给拍照添加一些乐趣。

3. 数码摄录机的附加功能

由于数码摄录机的技术不断提高，数码摄录机也附带了一些附加功能。有一些数码摄录机带有网络功能，可以将拍摄的视频与照片随时传到网络上；有的数码摄录机带有摄像头功能，可以用于视频会议等场合；有的数码摄录机可以播放一些比较常见的视频格式，如 MPEG、3GP 等，这样可以将一些电影存放在存储卡中，使用数码摄录机进行播放；还可以将数码摄录机作为一个媒介，将编辑好的视频放入数码摄录机中，将其与高清数字电视进行连接，播放高清画面的视频。

技能演示 7.1.2　演示数码摄录机的使用方法

数码摄录机的型号种类各有不同，但其基本功能、操作键与使用方法基本相同，下面以 JVC 的 GZ-MG330 数码摄录机为例讲解其使用方法。

1. 数码摄录机的按键功能以及显示符号

数码摄录机上有很多不同的按键，每个按键的功能有所不同，数码摄录机上按键的功能如图 7-3 所示。

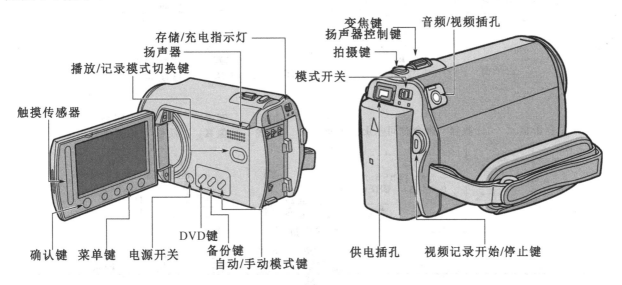

图 7-3　数码摄录机上按键的功能

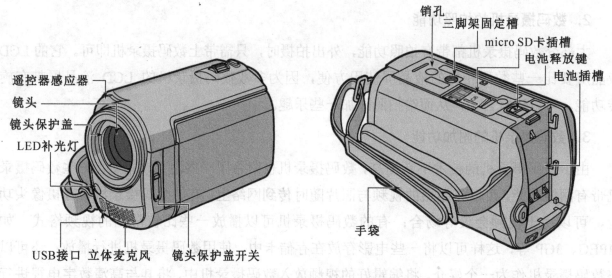

图 7-3　数码摄录机上按键的功能（续）

　　数码摄录机在进行相关的拍摄设置后，在 LCD 液晶屏上会显示相应的图标，提醒用户当前设置所处的状态。数码摄录机 LCD 液晶屏上显示图标的含义如图 7-4 所示。

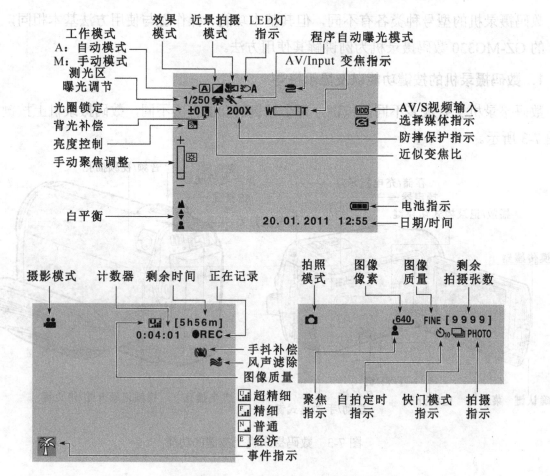

图 7-4　数码摄录机 LCD 液晶屏上显示图标的含义

2. 使用数码摄录机进行摄像

（1）安装电池

在使用数码摄录机进行摄像之前，应首先将电池安装到数码摄录机中，然后连接电源线为其进行充电，如图 7-5 所示。

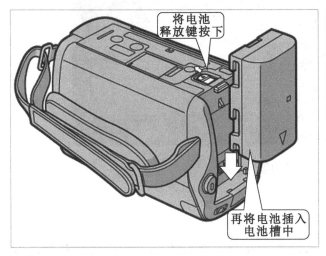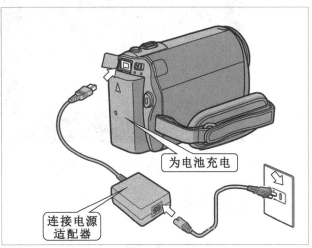

图 7-5 安装电池对其进行充电

资料链接

在数码摄录机使用过程中要检查电池剩余电量，其准备事项是安装电池，然后按 SELECT PLAY/REC 键选择记录模式。

对于摄录模式：按 INFO 键两次或首先按 INFO 键，然后选择 ▭。

对于拍照模式：按 INFO 键。

返回正常画面再次按 INFO 键，检查电池剩余电量，如图 7-6 所示。

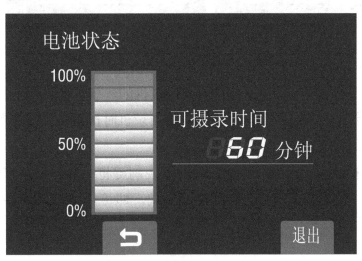

图 7-6 检查电池剩余电量

（2）基本设定

① 日期、时间的设定。打开液晶监视器以开启数码摄录机电源，当摄录机出现日期、时间的设定界面时，将其设置为当地时间。设置完成后按下"是"键结束设定，如图7-7所示。

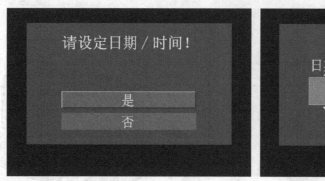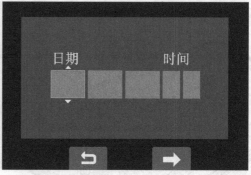

图7-7　日期、时间的设定

 资料链接

更改日期和时间时，按下MENU键选择基本设置对话框，然后选择时钟设定对话框进行日期和时间的设定即可。

② 语言的设定。打开液晶监视器以开启数码摄录机电源，按下MENU键选择基本设置对话框，选择LANGUAGE对话框，然后选择所需的语言，如图7-8所示。

图7-8　语言的设定

③ 手握调整的设定。打开数码摄录机的软垫，然后进行手握调整的设定，如图7-9所示。

④ 镜头保护盖的设定。使用数码摄录机时推动镜头保护盖打开按键，不使用时关闭镜头保护盖以保护镜头，如图7-10所示。

⑤ 模式的设定。按下镜头保护盖控制键将镜头保护盖打开，将播放/记录模式切换到记录模式，再将模式开关切换到视频模式，即可从LCD液晶屏中观察到景象。模式的设定如图7-11所示。

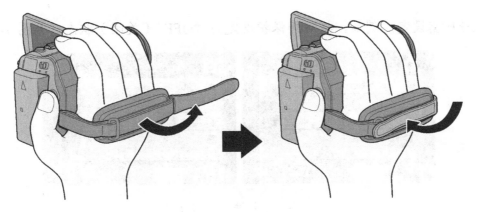

图 7-9 手握调整的设定

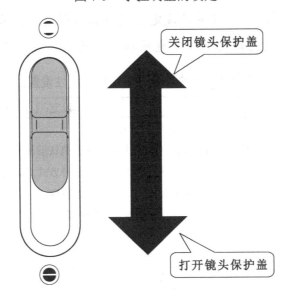

关闭镜头保护盖

打开镜头保护盖

图 7-10 镜头保护盖的设定

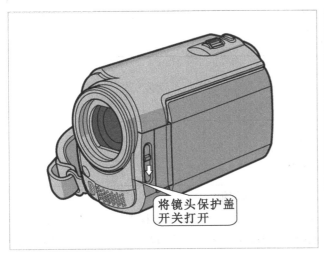

将镜头保护盖开关打开

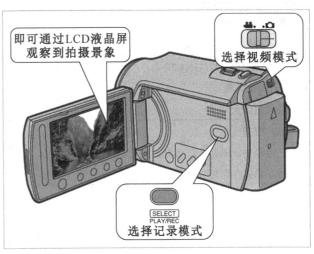

即可通过LCD液晶屏观察到拍摄景象

选择视频模式

SELECT PLAY/REC

选择记录模式

图 7-11 模式的设定

 资料链接

在数码摄录机的使用过程中，可以根据需要更改菜单设定。触碰 MENU 键，选择所需菜单，然后选择所需设定。例如，将防摔保护设定为"OFF"（关闭）状态，如图 7-12 所示。

图 7-12 防摔保护的设定

有关各种菜单的设定详情，更改菜单设定（拍摄属性设置）见表 7-1、更改菜单设定（基本属性设置）见表 7-2、更改菜单设定（重置及格式化设置）见表 7-3。

表 7-1 更改菜单设定（拍摄属性设置）

菜　单	设定：[ ]=出厂预设
⏱ 自拍 在按 SNAPSHOT 键后的设定时间期满开始记录	[关] 2 秒/10 秒。 注：可在摄录机屏幕上确认倒计时。 　　也可以通过使用这种方式来防止手振
▤ 快门模式	[单次拍]：一次拍一幅图像 连拍：按 SNAPSHOT 键后连续记录图像。 注：记录图像的间隔约为 0.3 秒。 　　连拍效果取决于记录媒体，有时可能不太好。 　　如果重复使用此功能，则连拍速度将会下降
◀ 视频质量 用于设定视频的质量	超精细/[精细]/普通/经济
◀ 图像质量 用于设定图像的质量	[精细]/标准
[GZ-MG465/437/435/430] ▦ 图像像素 选择图像尺寸	[1152×864]/640×480
AGC 增亮 在黑暗处记录时，自动增加被摄对象的亮度。但是，总体色调略显灰色	关：禁用此功能 [开]：激活此功能
W 选择纵横比 可以选择视频的纵横比	4:3：以 4:3 尺寸记录视频。 [16:9]：以 16:9 尺寸记录视频。液晶监视器上亮起 16:9 指示。 注：如果[视频质量]设为[经济]，则无法以 16:9 尺寸进行记录（亮起蓝色）。 　　如果想要将记录的视频复制到 DVD 光盘上，则建议不要混用 16:9 尺寸视频和 4:3 尺寸视频。 　　如果以 16:9 尺寸记录视频，则在电视机上观看视频时，视频的宽高比可能会出错。如果发生此类现象，请在[选择电视类型]中改变设定

续表

菜　　单	设定：[ ]=出厂预设
▲▲ 变焦 用于设定最大变焦比	[GZ-MG465/437/435/430]。 32×/[64×]/800 倍。 注：最多可使用 32 倍光学变焦。数字变焦可在从 32 倍以上到选定的变焦比的范围内使用。 [GZ-MG365/330]。 35×/[64×]/800 倍。 注：最多可使用 35 倍光学变焦。数字变焦可在从 35 倍以上到选定的变焦比的范围内使用
手振补偿 手抖动补偿	关：禁用此功能。 [开]：激活此功能。 注：如果手抖动得厉害，或取决于拍摄条件，可能无法获得精确稳定。将摄录机安装在三脚架上进行记录时，请将此模式设为[关]
风声消除 降低由风产生的噪声	[关]：禁用此功能。 开：激活此功能
切换到模拟 I/O* 切换摄录机 AV/S 视频插孔的输入和输出。 *GZ-MG430/330 机型不适用	[输出]：切换到输出。 I/O：切换到输入。液晶监视器上亮起 指示
监视器关闭*¹ *² 可暂时关闭监视器的背光。 *¹ 仅限于播放模式。 *² [GZ-MG435]当播放菜单中的[监视器关闭]被激活时，请使用遥控器播放文件。 [GZ-MG330]播放菜单中没有[监视器关闭]功能	是：关闭背光。（无显示） 否：开启背光。 注：要重新开启背光，可执行任意操作，如变焦

表 7-2　更改菜单设定（基本属性设置）

菜　　单	设定：[ ]=出厂预设
基本设置	选择[基本设置]，然后选择子菜单
快速重启 通过关闭液晶监视器电源并在 5 分钟内通过将其打开重新开启电源时，可以快速启动摄录机	关：禁用此功能。 [开]：激活此功能。 注：充电期间无法使用此功能。 按住电源键可重置设定。 此功能已启用而关闭摄录机电源时，存取/充电指示灯将闪烁
监视器亮度 用于设定液晶监视器的亮度	通过使用触摸传感器来调节显示亮度
监视器背光 用于调节监视器背光的亮度	亮度增强/标准/[自动]。 注：如选择[自动]，在室外使用摄录机时，亮度会自动设为[亮度增强]；而在室内使用摄录机时，则会自动设为[标准]
视频记录媒体 用于设定视频的记录媒体	[HDD]/SD

菜　　单	设定：〔 〕=出厂预设
📷 图像记录媒体 用于设定静像的记录媒体	[HDD]/SD
📆 日期显示样式 用于设定日期和时间显示格式	日期样式： year.month.day/month.day.year/[day.month.year]。 时间：[24h]/12h
🔤 LANGUAGE 用于设定显示语言	可以选择 16 种语言。默认语言是[汉语]
🅖 防摔保护 摄录机检测到自身摔落时自动关闭电源，防止硬盘损坏	关：禁用此功能。 [开]：启用此功能。要在防摔保护功能工作时开启本机电源，可关闭并重新打开液晶监视器。 注：将此功能设为关闭时，如果摄录机意外摔下，会增加损坏内置硬盘的危险
✒ 遥控 打开/关闭遥控器操作信号的接收	关：禁用遥控器操作。 [开]：启用遥控器操作
💿 演示模式 在下列情况介绍摄录机的特殊功能： 菜单画面关闭时。 记录模式下 3 分钟内没有进行任何操作时	关：禁用此功能。 [开]：激活此功能。 注：演示仅限于连接了直流电源线时，使用电池时无效。 如果摄录机中有 Micro SD 插卡，则即使电源开启也不会进行演示
🔊 操作声音 开启/关闭操作声音	关：关闭操作声音。 [开]：执行任何操作时均发出乐曲声音
📺 选择电视类型 用于在电视机上观看摄录机记录的文件时选择电视机类型	4：3 电视/[16：9 电视]
🔋 自动关机 电源开启时，如果摄录机在 5 分钟内没有进行任何操作，则摄录机将自动关闭以省电	关：禁用此功能。 [开]：启用此功能。 若要在使用电池时重新开启摄录机电源，可关闭并重新打开液晶监视器。使用交流电源适配器时，执行变焦等任意操作即可
🖥 在电视机上显示 在电视机上显示摄录机的屏幕显示	[关]：不在电视机上显示。 开：在电视机上显示。 注：此设定仅在通过 AV/S 视频电缆连接电视机时可以使用。如果通过 DV 电缆进行连接，则无法在电视机上显示摄录机的屏幕显示
⚙ 出厂前预设值 将所有摄录机设定为返回默认值	是：执行此功能。 否：取消此功能
🕐 时钟设定 用于设定时间	日期/时间

表 7-3　更改菜单设定（重置及格式化设置）

菜　　单	设定：〔 〕=出厂预设
基本设置	选择[基本设置]，然后选择子菜单

续表

菜　　单	设定：［］=出厂预设
📹 视频号码重设 📷 图像号码重设 通过重设文件号码（名称），将产生新的文件夹。新文件将存储在新文件夹内。 将新文件与先前记录的文件分开会有好处	是：执行重设。 否：取消重设。 注：即使选择[是]，也可以通过选择[取消]来取消操作
📇 格式化 SD 卡 在使用新购买的 Micro SD 插卡之前，必须用本摄录机对其格式化，此举还将确保在存取 Micro SD 插卡时有稳定的速度工作	[文件]：初始化 Micro SD 插卡内的所有文件。 文件+管理编号：初始化 Micro SD 插卡内的所有文件和管理编号
📀 格式化硬盘 确保在存取硬盘时有稳定的工作速度	[文件]：初始化硬盘内的所有文件。 文件+管理编号：初始化硬盘内的所有文件和管理编号
📀 清理硬盘 在长久重复使用之后，写入硬盘的速度会趋慢。定期执行清理可以恢复写入速度	是：执行清理。 否：取消此功能。 注：即使选择[是]，也可以通过选择[取消]来停止操作
📀 删除硬盘数据 这将导致难以恢复删除的硬盘数据。处理摄录机时，建议启用此功能来防止非法数据恢复（使用市售软件）	是：删除硬盘上的数据。 否：取消此功能。 注：即使选择[是]，也可以通过选择[取消]来停止操作

（3）安装 Micro SD 卡

在安装 Micro SD 卡前关上液晶监视器以关闭摄录机电源，打开 Micro SD 卡插槽盖，将卡斜角边向下将其插入，然后关闭 Micro SD 卡插槽盖，如图 7-13 所示。取出 Micro SD 卡时，用手再次向下按压 Micro SD 卡，直至 Micro SD 卡被压至插槽底部，然后松手，Micro SD 卡便会自动从卡插槽底部弹出。用手拿捏 Micro SD 卡边缘即可将其从插槽中取出。

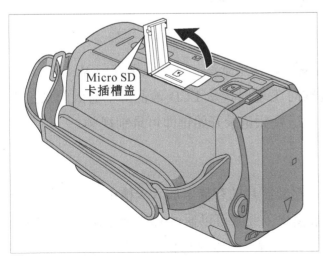
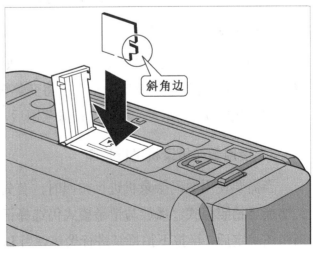

图 7-13　安装 Micro SD 卡

提示

仅在电源关闭的情况下才能插入和取出 Micro SD 卡，否则，卡上的数据可能会受损。在插入和取出 Micro SD 卡时，不要触摸标签背面的端子。

在首次使用 Micro SD 卡之前，将其格式化。

本摄录机出厂预设为在内置硬盘上进行记录，若要使用 Micro SD 卡记录，需要将视频记录媒体和图像记录媒体设为 SD。

（4）安装三脚架

首先对准数码摄录机的销孔和三脚架的方位销、数码摄录机的固定槽和三脚架的螺丝，然后顺时针旋转三脚架的螺丝，将数码摄录机安装到三脚架上，如图 7-14 所示。

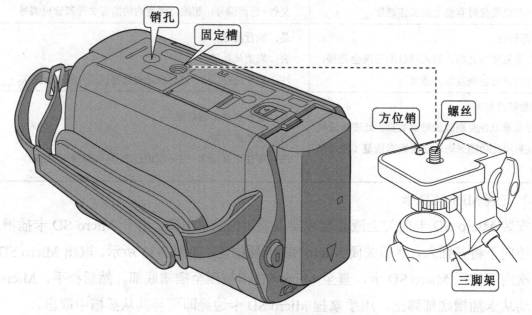

图 7-14　将数码摄录机安装到三脚架上

（5）构图

当通过 LCD 液晶屏进行构图时，可以通过变焦键调整景深。将变焦键推向 W 端时，从 LCD 液晶屏中看到的景象较为宽广；将变焦键推向 T 端时，从 LCD 液晶屏中看到的景象较为局部，如图 7-15 所示。当确定景深范围后，按下视频记录开始键即可录制视频。

3. 使用数码摄录机进行拍照

当需要使用数码摄录机进行拍照时，首先将存储照片的存储卡放入卡槽中，并将模式开关切换至拍照模式，播放与记录模式仍选择记录模式，此时可以通过 LCD 液晶屏进行构图。当构图确定后，半按下拍摄键进行聚焦，当 LCD 液晶屏上出现对焦框后，再将拍摄键完全按下即可完成照片的拍摄。调整到拍照模式与记录模式如图 7-16 所示。

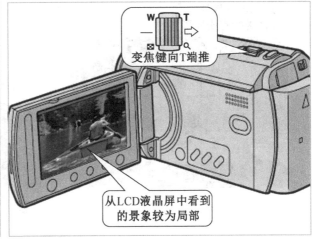

图 7-15　通过变焦键调整景深

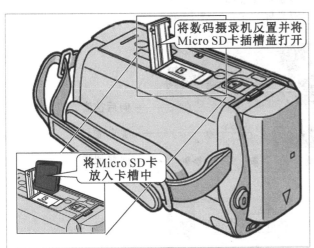

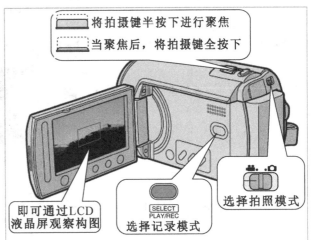

图 7-16　调整到拍照模式与记录模式

4．数码摄录机的文件播放

（1）使用数码摄录机进行播放

需要播放视频文件时，应将播放/记录模式切换到播放模式，将模式选择开关调节至视频模式，选择所需要播放的文件进行播放，如图 7-17 所示。若需要播放图片，应当将模式选择开关调节至拍照模式。

使用数码摄录机播放视频或图片时，可以通过 LCD 液晶屏上的触摸按键进行调节，如图 7-18 所示。

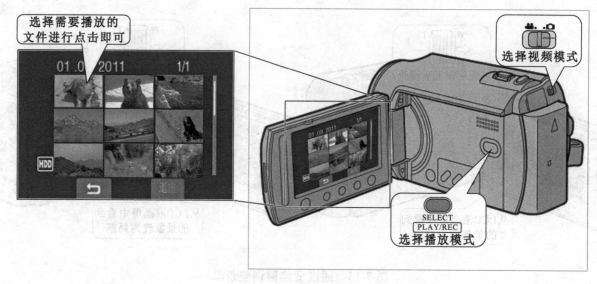

图 7-17　播放文件

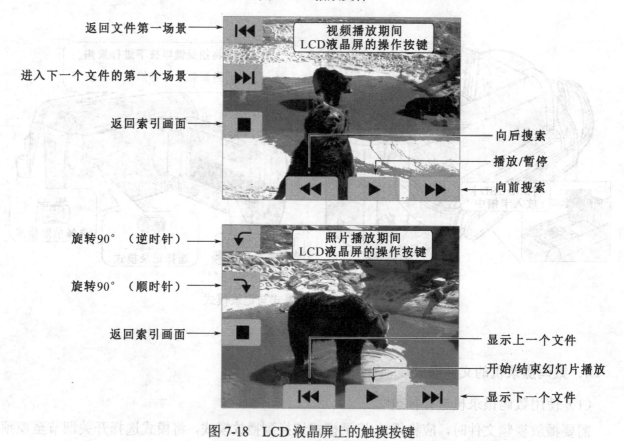

图 7-18　LCD 液晶屏上的触摸按键

（2）使用外接设备播放数码摄录机中的文件

可以将数码摄录机与电视机通过 AV 线缆进行连接，将数码摄录机连接电源后，将电视机与数码摄录机的电源打开，并将电视机调为视频模式，即可通过遥控器遥控数码摄录机开始播放文件。使用电视机播放数码摄录机中的文件，如图 7-19 所示。

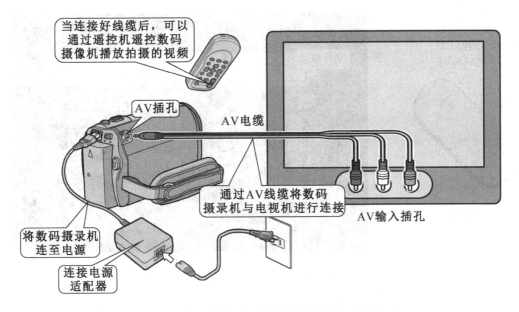

图 7-19　使用电视机播放数码摄录机中的文件

还可以通过 USB 电缆将数码摄录机与计算机进行连接。开启数码摄录机和计算机的电源，在数码摄录机上选择在计算机上播放，然后选择播放图像或视频，单击包含所需文件的媒体，最后单击所需文件开始播放。使用计算机播放数码摄录机中的文件，如图 7-20 所示。

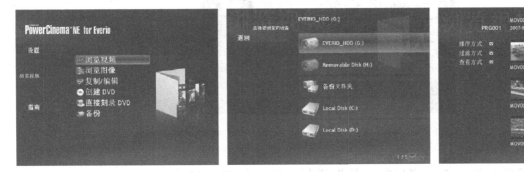

图 7-20　使用计算机播放数码摄录机中的文件

5．数码摄录机的文件管理

（1）查看文件信息

只需按 INFO 键即可查看文件的信息，再次按 INFO 键可以关闭文件信息显示。查看文件信息，如图 7-21 所示。

（2）删除/保护文件

在执行删除/保护文件操作前将附带的交流电源适配器与电源接通。存取文件时，不要取出记录媒体或执行任何其他操作（如关闭电源），以防止数据受损。

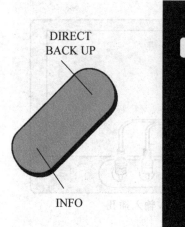

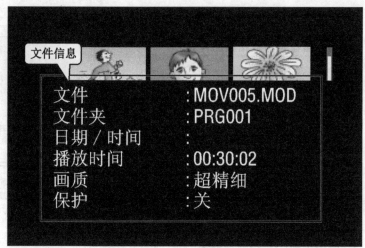

图 7-21　查看文件信息

删除文件时，点击 MENU 键，选择"删除"选项，如图 7-22 所示。如果直接删除文件也可通过选择 🛍 选项直接跳至删除菜单。

图 7-22　删除文件选项

删除当前显示的文件：选择"目前文件"进行删除，如图 7-23 所示。

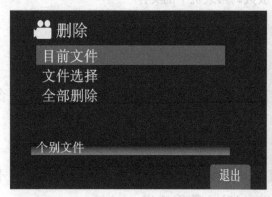

图 7-23　删除当前显示的文件

删除文件：选择文件选项，然后选择所需文件即可进行删除文件操作，如图 7-24 所示。

图 7-24 删除文件

删除全部文件：弹出"全部删除"菜单，然后执行删除全部文件即可，如图 7-25 所示。

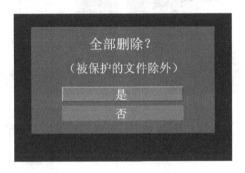

图 7-25 删除全部文件

 提示

保护的文件无法删除。若要删除这些文件，先要取消保护。

文件一旦删除便无法恢复。删除之前先检查文件。

（3）记录后改变视频文件的登记事件

记录后改变视频文件的登记事件可以更改当前显示文件的事件，也可以更改选定文件的事件，下面以更改当前显示文件的事件为例进行讲解。

将数码摄录机切换到摄像模式，按下 MENU 键，选择"切换事件记录"选项，然后选择"目前文件"选项，将想要登记的文件进行修改即可。记录后改变视频文件的登记事件如图 7-26 所示。

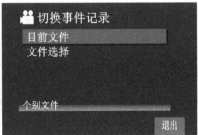

图 7-26 记录后改变视频文件的登记事件

（4）分割复制

数码摄录机可以将所选视频文件一分为二，然后将所需部分复制为新的视频文件。按下MENU键，选择"分割复制"选项，然后选择所需文件并设定想要分割文件的分割点，最后选择想要复制的文件即可。分割复制如图7-27所示。复制完成后，复制的文件即被添加到索引画面。

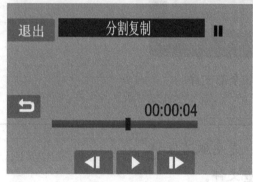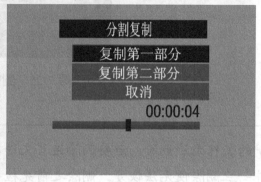

图7-27　分割复制

提示

播放复制的文件时，会显示原始文件的记录日期。同时，文件信息会显示复制的日期。

（5）复制文件

数码摄录机可以通过数码摄录机（将视频从HDD复制到Micro SD卡上，或从Micro SD卡复制到HDD）、DVD刻录机、磁带录像机/DVD录像机、计算机进行文件复制。例如，使用附带的USB电缆与DVD刻录机连接，在复制文件前应关闭数码摄录机的电源。使用DVD刻录机复制文件，如图7-28所示。

6. 使用数码摄录机制作播放列表

数码摄录机最多可以制作99个播放列表，每个播放列表可以最多包含99个场景。在制作播放列表前将数码摄录机调整至摄像模式，选择播放模式，然后触碰MENU键选择编辑播放列表，在新列表中选择某个项目并显示文件，将所需文件添加到播放列表，选择插入点后，保存并退出即可完成播放列表的制作。制作播放列表，如图7-29所示。

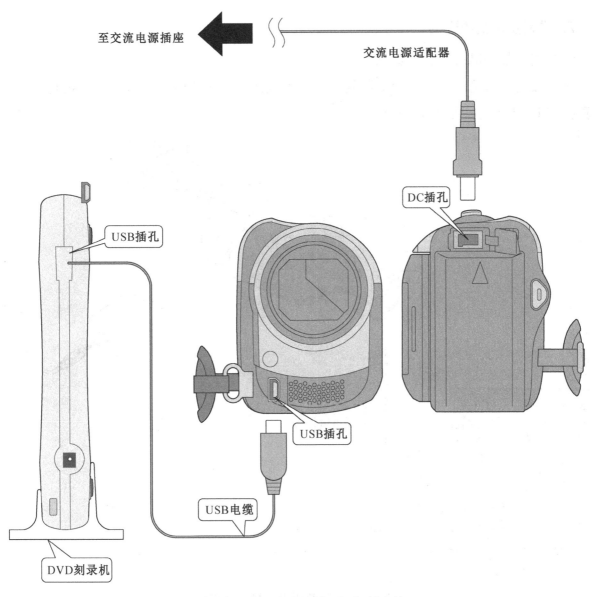

图 7-28　使用 DVD 刻录机复制文件

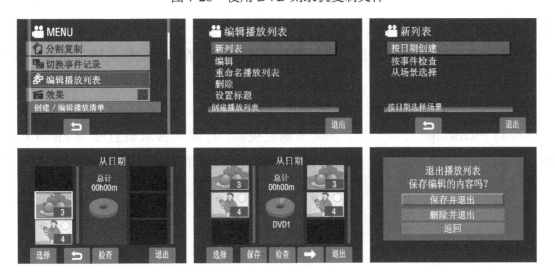

图 7-29　制作播放列表

7. 数码摄录机的连接

（1）连接数码摄录机到计算机

在连接到计算机前，关闭液晶监视器以关闭数码摄录机电源，将数码摄录机直接连接到计算机的 USB 插孔，如图 7-30 所示。

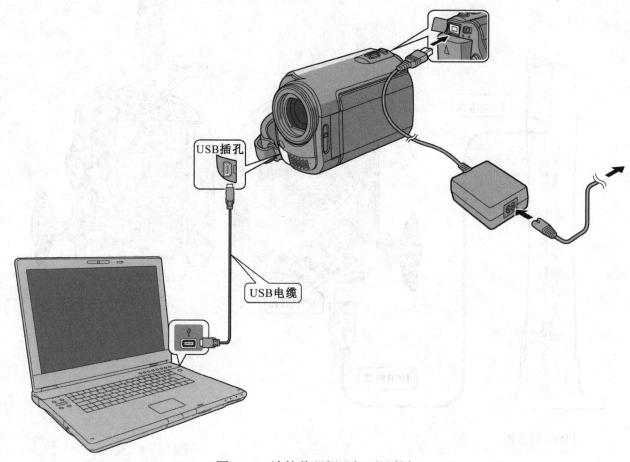

图 7-30　连接数码摄录机到计算机

（2）连接数码摄录机到 Macintosh 计算机

在连接到 Macintosh 计算机前，关闭液晶监视器，将数码摄录机直接与计算机连接，如图 7-31 所示。

（3）连接数码摄录机到 PictBridge 打印机

在连接到 PictBridge 打印机前，关闭液晶监视器，将数码摄录机直接与 PictBridge 打印机连接。如果无法识别打印机，则断开 USB 电缆，然后重新连接即可，如图 7-32 所示。

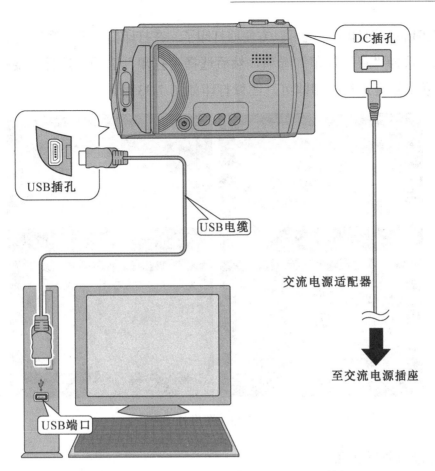

图 7-31　连接数码摄录机到 Macintosh 计算机

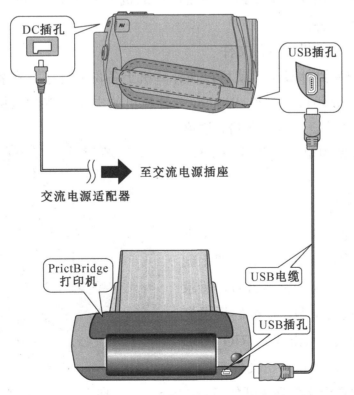

图 7-32　连接数码摄录机到 PictBridge 打印机

连接到 PictBridge 打印机后就可以方便地打印了。在打印前，开启数码摄录机和 PictBridge 打印机的电源，选择"直接打印"选项，然后选择"打印"选项，选择需要打印的图像，根据提示框选择所需设定进行打印即可。图像打印如图 7-33 所示。

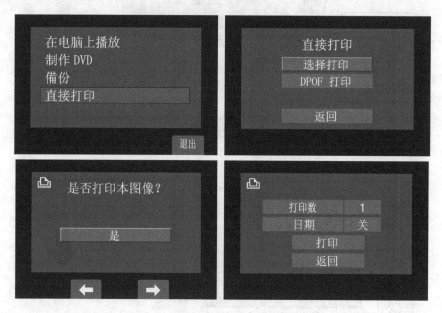

图 7-33　图像打印

8．数码摄录机备份文件

数码摄录机既可以在安装 Windows 系统的计算机上备份文件，也可以在安装 Macintosh 系统的计算机上备份文件。

（1）在 Windows 计算机上备份文件

将附带的软件安装到计算机，就可以在计算机上备份文件了。在备份文件前将摄录机连接至计算机，开启数码摄录机和 Windows 计算机的电源，按数码摄录机上的 DIRECT BACK UP 键，文件开始自动复制备份，进度条消失时完成备份。使用附带软件备份文件，如图 7-34 所示。

在 Windows 计算机上备份文件时，也可以不使用附带软件。备份文件前，使用 USB 电缆将数码摄录机与计算机连接，在计算机上创建用于备份文件的文件夹，然后打开数码摄录机和 Windows 计算机的电源，在数码摄录机上选择在计算机上播放，双击 EVERIO_HDD 图标，如图 7-35 所示。选择备份文件夹，将其拖放到之前创建的备份文件夹中开始备份，如图 7-36 所示。

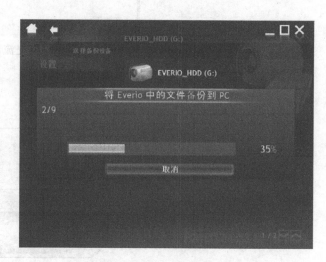

图 7-34　使用附带软件备份文件

图 7-35 EVERIO_HDD 图标 1

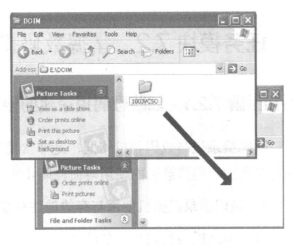

图 7-36 拖放文件 1

（2）在 Macintosh 计算机上备份文件

备份文件前，使用 USB 电缆将数码摄录机与计算机连接。在计算机上创建用于备份文件的文件夹，然后打开数码摄录机和 Macintosh 计算机的电源，在数码摄录机上选择在计算机上播放，双击 EVERIO_HDD 图标，如图 7-37 所示。接着选择备份文件夹，将其拖放到之前创建的备份文件夹中开始备份，如图 7-38 所示。

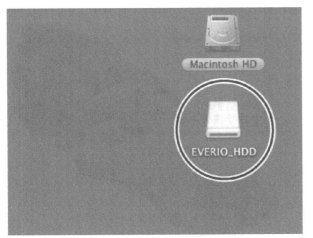

图 7-37 EVERIO_HDD 图标 2

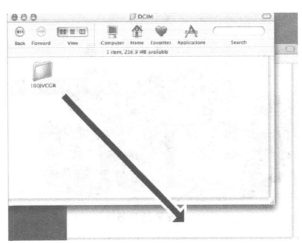

图 7-38 拖放文件 2

提示

SD_VIDEO：包含视频文件的文件夹。如果要分别备份文件，可打开该文件夹并逐个拖放文件。

DCIM：包含图像文件的文件夹。如果要个别地备份文件，打开此文件夹并逐个拖放文件。

任务模块 7.2 掌握数码摄录机的保养维护方法

新知讲解 7.2.1 知晓数码摄录机的使用注意事项

数码摄录机与数码相机相同，是非常精密的设备，也应当经常对其进行维护和保养。这样可以增加数码摄录机的使用寿命，防止出现故障。

1. 数码摄录机整机使用与存放的注意事项

数码摄录机与数码相机的注意事项基本相同。在使用中应当注意防止灰尘，若外界灰尘较多，很容易使污染物掉落到数码摄录机的镜头上，从而弄脏镜头，直接影响成像效果。数码摄录机中有很多光电器件，所以应当远离电、磁场，防止对其造成损坏。还应当注意防止数码摄录机的剧烈碰撞，以免造成数码摄录机中的机械器件发生损坏，在使用中应当对其安装防护罩与使用防护包，如图 7-39 所示。存放数码摄录机时应当注意防潮和控制存放空间的温度，不宜将其放置于温度过高的存储空间，否则容易导致数码摄录机内部图像传感器损坏，电路板出现短路的故障。

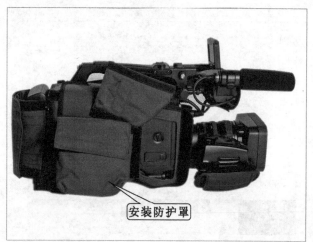

图 7-39 数码摄录机安装防护罩与使用防护包

2. 数码摄录机镜头使用与存放的注意事项

数码摄录机的镜头不宜长时间暴露在空气中，在不使用时应当将镜头保护盖盖好，防止镜头脏污，影响拍摄质量。不应随意对镜头进行擦拭，因为随意擦拭镜头会导致镜头表面的镀膜刮花，应当使用专业的清洁工具对镜头进行清洁。

3. 数码摄录机 LCD 液晶屏的存放与注意事项

数码摄录机的 LCD 液晶屏不可以置于阳光下直射；不可以受到重物挤压，防止 LCD 液晶屏破碎；不可以使用有机溶剂对其进行清洁，因为这会影响 LCD 液晶屏的亮度。

4. 数码摄录机电池的充电使用与注意事项

数码摄录机放入新电池后，最初几次充电最好采用慢充方式，充电时间稍长一些，保证电池完全充满。并且，在每次充电前确保电池没有电量（可将电池完全放电后再进行充电），也可以使用调节充电器或脉冲充电器。若长时间不使用数码摄录机，应当将电池从数码摄录机中取出，并将电池放置在阴冷干燥的环境中保存。在使用电池时应当注意电池的使用寿命，当其到达使用寿命时，应当及时更换。

新知讲解 7.2.2 掌握数码摄录机的保养方法

1. 数码摄录机外壳的清洁

数码摄录机的外壳多为喷漆的塑料材质，当表面有污渍时，可以先使用吹气皮囊进行清洁，然后将镜头清洁液与水进行一比一的勾兑，将其滴至清洁布上对数码摄录机的机身进行清洁擦拭，最后再用干燥的清洁布反复擦拭数码摄录机的外壳，并将其放置到干燥通风处进行干燥即可。擦拭数码摄录机的外壳，如图 7-40 所示。

图 7-40 擦拭数码摄录机的外壳

2. 镜头的清洁方法

数码摄录机镜头的清洁方法与数码相机镜头的清洁方法基本相同，同样使用带有单向气阀的吹气皮囊吹去镜头表面的灰尘，再使用镜头笔对镜头表面由内向外进行擦拭，在擦拭过程中应当对镜头笔上脱落的碳粉进行清洁，反复进行擦拭即可。清洁镜头，如图 7-41 所示。

也可使用镜头清洁液与镜头纸对镜头进行清洁。去除镜头表面的灰尘后，将镜头清洁液滴至镜头纸上，使用镜头纸轻轻擦拭镜头表面，再使用干燥的镜头纸反复擦拭，直至镜头表面干净为止。擦拭镜头，如图 7-42 所示。

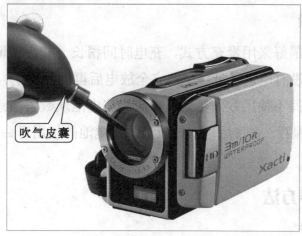
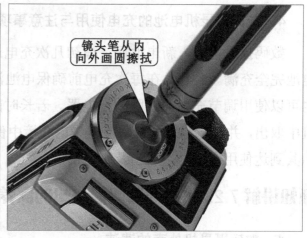

镜头笔从内
向外画圆擦拭

吹气皮囊

图 7-41　清洁镜头

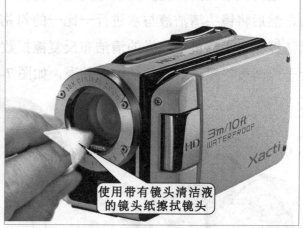

镜头清洁液

镜头纸

使用带有镜头清洁液
的镜头纸擦拭镜头

图 7-42　擦拭镜头

3．LCD 液晶屏的清洁方法

对数码摄录机上 LCD 液晶屏进行清洁时，应使用小刷子将液晶屏表面的灰尘去除，将液晶屏清洁液喷到清洁布上，使用清洁布对 LCD 液晶屏进行小心擦拭。在擦拭过程中不要用力过猛，否则容易导致液晶屏损坏。LCD 液晶屏的清洁方法如图 7-43 所示。

使用刷子将LCD液晶屏
上的灰尘扫去

使用清洁布
清洁LCD液晶屏

图 7-43　LCD 液晶屏的清洁方法

4．电池的清洁方式

数码摄录机中的电池是通过触点供电的，应当定期对电池的触点进行清洁。清洁电池触点，如图 7-44 所示。使用棉签蘸取酒精，清洁触点表面，保证其供电正常。

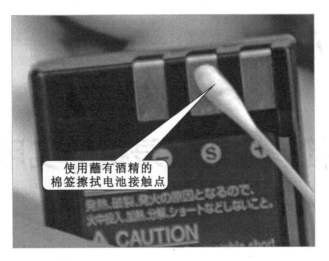

使用蘸有酒精的
棉签擦拭电池接触点

图 7-44　清洁电池触点

 提示

值得注意的是：在条件允许的情况下可以购买引脚擦拭笔，它将电解液涂抹在电池的引脚上，使其导电性能提高。引脚擦拭笔如图 7-45 所示。

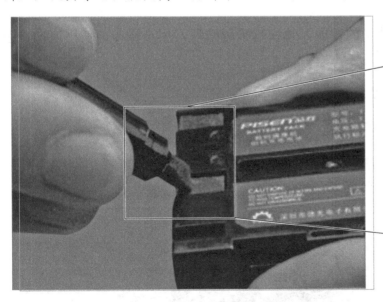

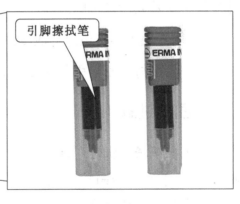

引脚擦拭笔

图 7-45　引脚擦拭笔

项目八

训练检修数码摄录机的实用技能

任务模块 8.1 了解数码摄录机的故障特点和检修思路

新知讲解 8.1.1 了解数码摄录机的故障特点

数码摄录机功能多样，且随着技术的发展，体积越来越精巧，用户操作、使用或设置不当极易引发数码摄录机的故障。

1. 用户使用不当造成的故障原因

（1）持机方式不当引起的故障原因

 图文讲解

使用数码摄录机时，为了避免拍摄时因身体移动而造成晃动的情况，应保持正确的持机姿势，如图 8-1 所示，以免采集的图像信息不清晰。

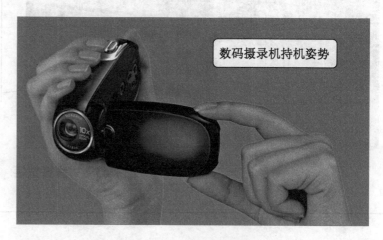

图 8-1　正确的持机姿势

提示

在拍摄时，为了避免手抖现象，可以寻找一个支撑点。通常的做法是用上臂和肘部夹紧肋骨，这样互相依靠可以减少双臂的抖动，不会导致身体疲惫；站立拍摄时双脚分开与肩同宽，以保证整个身体的稳定性；如果需要低角度拍摄，可用肘部支撑着蹲下半跪或趴下，这些姿势都是为了增强拍摄时的稳定性。

使用数码摄录机拍摄外景时的持机方式如图 8-2 所示。持机的方式主要以肩扛和手持为主，具体情况根据机身的体积和重量而定。如果机身较大，通常将摄录机扛于肩头，通过摄录机自带的 1.5 英寸寻像器进行取景拍摄；如果使用小型数字摄录一体机拍摄，则可采取手持拍摄的方式，可通过寻像器取景或直接通过 LCD 液晶屏监视拍摄效果。

（a）肩扛拍摄　　　　　　　　　　　（b）手持拍摄

图 8-2　使用数码摄录机拍摄外景时的持机方式

（2）参数设置不当引起的故障原因

 图文讲解

数码摄录机的参数设置界面如图 8-3 所示。数码摄录机的功能设置选项多样，除屏幕菜单的选项外，还有很多按键，用户要通过阅读说明并仔细对照，认真设置，否则极易发生故障。

图 8-3　数码摄录机的参数设置界面

（3）存储介质使用不当引起的故障原因

 图文讲解

数码摄录机有专门用于存储视频片段的存储介质，如光盘、磁带、存储卡等，如图 8-4 所示。若存储介质已存满，或质量出现问题，极易导致拍摄录制的故障。

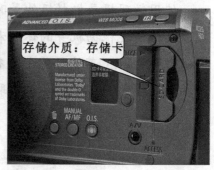

图 8-4 数码摄录机的存储介质

（4）供电不当引起的故障原因

 图文讲解

数码摄录机多采用电池供电和适配器供电两种供电方式。当数码摄录机出现黑屏或无法开机时，首先应检查供电是否正常。数码摄录机供电方式如图 8-5 所示。

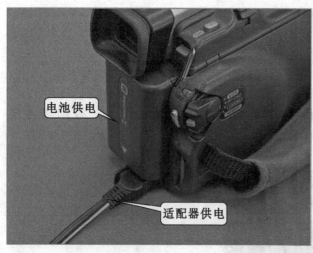
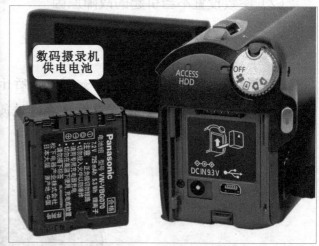

图 8-5 数码摄录机供电方式

2．外界环境异常造成的故障原因

数码摄录机使用频率越来越高，也越来越贴近生活，其工作性能也越来越受到周围环境的影响。例如，受潮，会使内部电路板出现短路、氧化或漏电等故障；污物，镜头长时间暴露在空气中，会沾上各种异物，使镜头透光能力下降；沙粒，细小的沙粒不慎进入数码摄录机中，会出现机械性运转故障，尤其是镜头和磁带部分会因沙尘受损。上述故障都可能引起数码摄录机呈现出不能开机、电池耗电严重、存储卡不能使用等故障现象。

（1）受潮引起的故障原因

数码摄录机若长时间置于湿度较大、温度较高或酸碱环境中时，就可能使其内部元器件的绝缘性降低或腐蚀导电层，导致数码摄录机故障。

（2）污物引起的故障原因

 图文讲解

观察镜头是否清洁，如图 8-6 所示。数码摄录机与空气接触最频繁的部件就是镜头，若从取景器或 LCD 液晶屏观察到的图像有黑点或手印痕迹，首先应检查镜头是否清洁。

图 8-6　观察镜头是否清洁

（3）机械性破坏的故障原因

 图文讲解

如图 8-7 所示，由于受到外力的冲击震动、用力过猛、使用不当或摔砸等原因，极易造成数码摄录机外壳变形、损坏，或内部元器件破裂、变形及模块引脚脱焊等故障，比较常见的有镜头不能正常伸缩、闪光灯碎裂等。

（4）元器件本身质量问题的故障原因

半导体器件也会出现偶然性的失效或受到偶然的电压、电流冲击，从而引发电路功能失常。

图 8-7　检查机械性破坏的情况

（5）元器件安装的特殊性的故障原因

 图文讲解

　　数码摄录机中的大多数元器件都采用贴片式安装形式，集成电路多采用表面安装技术，BGA 封装形式芯片的引脚如图 8-8 所示。如果受到环境因素的影响，电路板变形或长时间使用，可能会造成元器件脱焊、虚焊等现象。

图 8-8　BGA 封装形式芯片的引脚

技能演示 8.1.2　做好数码摄录机的故障检修分析

　　数码摄录机与数码相机有很多的相似点，都是由成像电路、供电电路、操作显示电路、存储电路、控制电路等部件构成的，因此出现的故障现象也有很大的相似度，只是由于构成部件的特点，使其部分检修流程略有差异。下面对数码摄录机与数码相机不同部件的故障检修流程进行讲解，使读者掌握其故障特点，以便进行检修。

1．成像电路故障检修基本流程

　　数码摄录机的成像电路同样包括镜头、CCD 图像传感器芯片、图像信号处理电路、音/视频信号记录/播放电路。

 图文讲解

　　数码摄录机的取景器部分与数码相机相比，数码摄录机采用的是电子取景器，可调节使用角度，经过数据传输实现。当取景器出现故障时，应对其相应的数字电路进行检测。电子取景器的检修流程如图 8-9 所示。

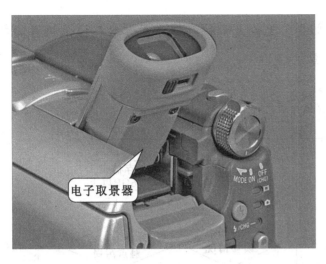

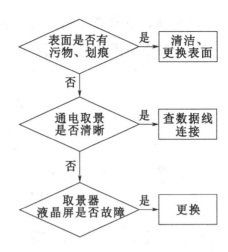

图 8-9　电子取景器检修流程

2. 供电电路故障检修基本流程

数码摄录机的供电电路，除了电池接口电路和电池，还包括电源适配器。它既可以通过数码摄录机给电池充电，也可以直接为数码摄录机提供电能。

 图文讲解

当数码摄录机供电电路出现故障时，可参照数码摄录机供电电路检修流程进行检测，如图 8-10 所示。

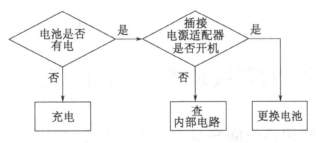

图 8-10　数码摄录机供电电路检修流程

 提示

数码摄录机的附件很少带有充电器，几乎都是采用电源适配器，通过机体实现充电，因此，当不能确定数码摄录机供电电路的故障范围时，可通过电源适配器排查，正好也符合先机外、后机内的检修思路。

3. 存储电路故障检修基本流程

数码摄录机的存储电路除了存储卡接口电路，还有用来存储视频的电路。

 图文讲解

数码摄录机采用的介质有磁带式、光盘式、硬盘式，还有存储卡式，各种介质有相应的记录和读取电路，还有与之配合的机械部分。无论是哪种存储方式，数码摄录机存储电路故障检修流程都可参照图 8-11 进行故障排查。

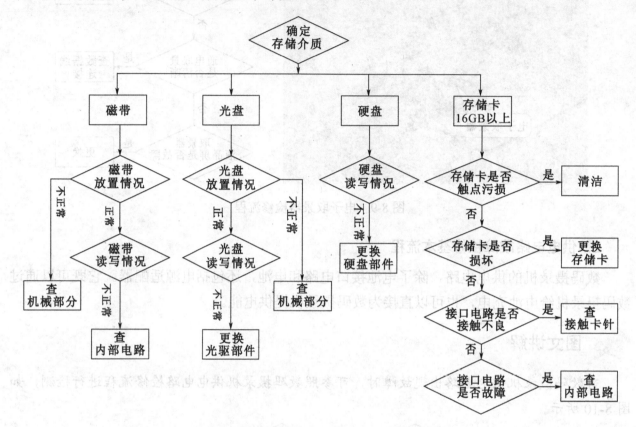

图 8-11　数码摄录机存储电路故障检修流程

任务模块 8.2　数码摄录机故障检修训练

技能演示 8.2.1　数码摄录机成像系统的检修训练

1. 数码摄录机镜头的检修方法

数码摄录机镜头容易发生的损坏是镜头内部透镜损坏或镜头数据线与接口的连接产生错位。

（1）镜头电机驱动端的检修方法

 图解演示

镜头电机驱动端的检修方法如图 8-12 所示。对数码摄录机的镜头电机驱动端进行检修时，应先检查数码摄录机镜头部分的数据连接线，如图 8-12（a）所示。使用十字螺丝刀将镜头上固定支架的固定螺钉拆除，即可将固定支架整体与镜头分离，然后将电机部分的固定螺钉取下。

数码摄录机镜头部分的数据连接线检查完成后，即可将变焦电机和聚焦电机取出，检查数码摄录机变焦电机和聚焦电机是否损坏，如图 8-12（b）所示。若该引脚发生损坏，该镜头则无法进行正常的变焦，应当对其进行更换。

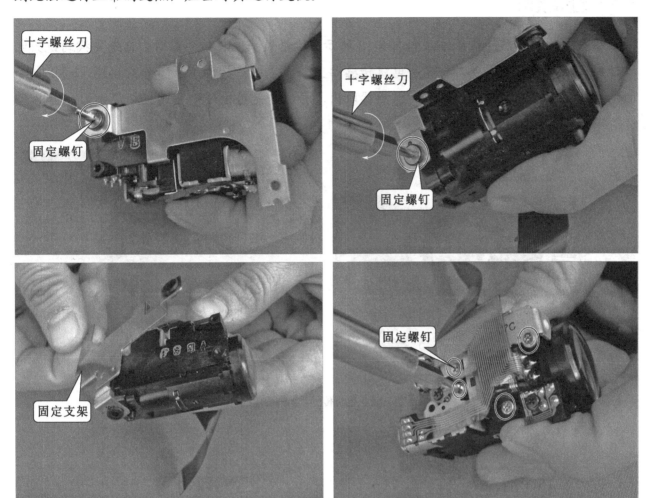

（a）检查数码摄录机镜头部分的数据连接线

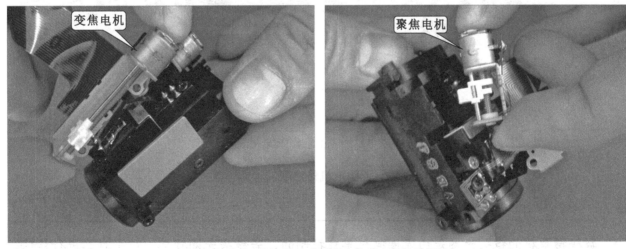

（b）检查数码摄录机变焦电机和聚焦电机是否损坏

图 8-12　镜头电机驱动端的检修方法

（2）镜头电机传感器的检修方法

 图解演示

镜头电机传感器的检修方法如图 8-13 所示。检修镜头电机传感器时，首先要找到镜头电机传感器，然后使用螺丝刀将镜头电机传感器上的固定螺钉拆卸下来，如图 8-13（a）所示。固定螺钉取下后，即可使用镊子将传感器取出，并检查是否出现老化或损坏现象，如图 8-13（b）所示。

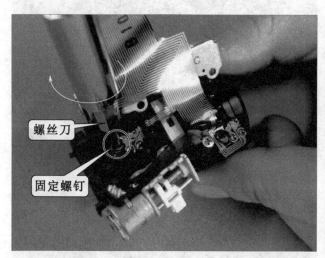
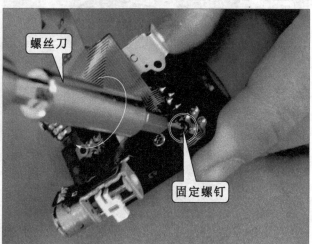

（a）拆卸镜头电机传感器上的固定螺钉

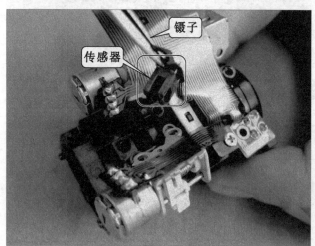
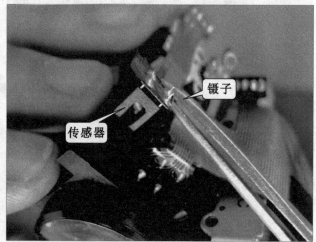

（b）检查镜头电机传感器是否出现老化或损坏现象

图 8-13　镜头电机传感器的检修方法

 提示

数码摄录机的镜头光圈是由光圈电机单独控制的，若镜头光圈损坏，应当对其进行检修。检查镜头光圈的方法如图 8-14 所示。先使用十字螺丝刀将光圈电机的固定螺钉取下，然后使用镊子将光圈电机从镜头透镜中取出，拨动光圈电机驱动端就可以使光圈打开或控制光圈闭合。

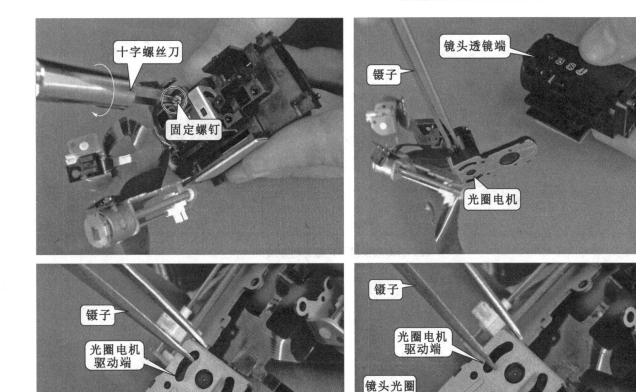

图 8-14　检查镜头光圈的方法

2. 数码摄录机取景器损坏的检修方法

数码摄录机取景器的故障主要表现为取景器脏污或数据线断裂。若取景器中进入灰尘，则会出现拍摄的景物图像模糊不清的情况；若取景器与电路板之间的连接数据线断裂，则会出现数码摄录机无法取景拍摄的故障，无法使用。

（1）取景器进入灰尘的检修方法

 图解演示

数码摄录机的取景器进入灰尘的检修方法如图 8-15 所示。先使用螺丝刀将固定螺钉逐一拧下，拆卸取景器固定螺钉的方法如图 8-15（a）所示。然后将取景器的透镜端和显示屏端分离，使用吹气皮囊进行清洁。清洁取景器内灰尘的方法如图 8-15（b）所示。

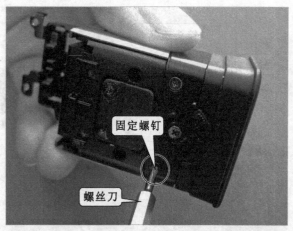
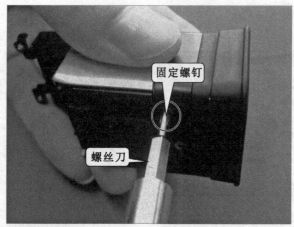

（a）拆卸取景器固定螺钉的方法

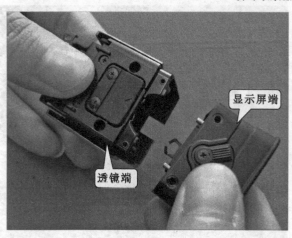
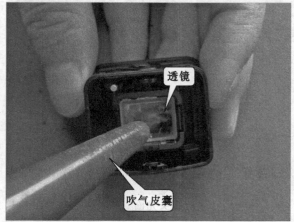

（b）清洁取景器内灰尘的方法

图 8-15　取景器进入灰尘的检修方法

提示

通常，在数码摄录机的取景器上有一个取景器调节杆，可以控制透镜的深度，使其成像更为清晰，如图 8-16 所示。

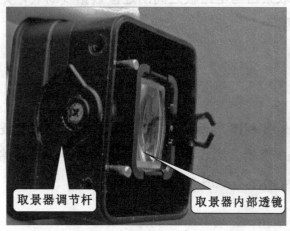
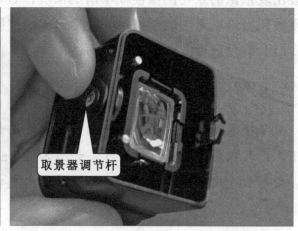

图 8-16　取景器调节杆

若非调整设置和灰尘污物所致，则需对数码摄录机取景器的数据线进行检测更换。

（2）取景器数据线损坏的检修方法

图解演示

数码摄录机取景器数据线损坏的检修方法如图 8-17 所示。

用手将数码摄录机的取景器抬起，对其数据线进行查看，发现取景器与主控板连接数据线断裂。拧下固定螺钉，拆卸数码摄录机上的取景器，找到连接的数据线，如图 8-17（a）所示。

将取景器拆卸完成后，使用螺丝刀拧下固定橡胶垫的固定螺钉，将橡胶垫取下。然后将外壳固定螺钉取下，分离外壳取出取景器的调节杆，如图 8-17（b）所示。

拆取橡胶垫、取景器调节杆之后，将取景器显示器取出，同时将数据线一端从其接口中取出，另一端从取景器外壳上取下，对损坏的数据线进行更换，取景器即可正常使用，如图 8-17（c）所示。

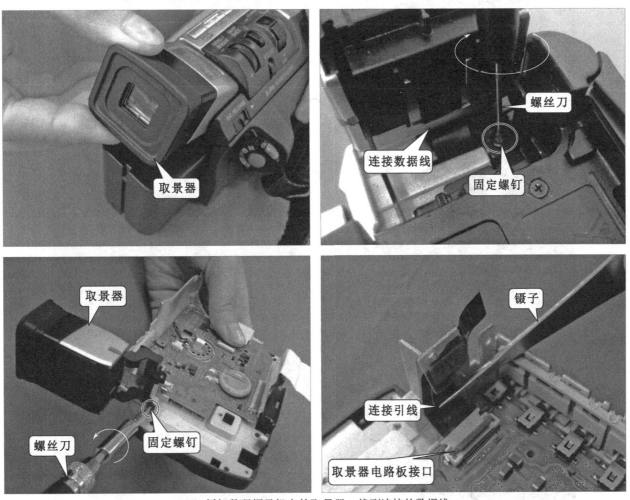

（a）拆卸数码摄录机上的取景器，找到连接的数据线

图 8-17　数码摄录机取景器数据线损坏的检修方法

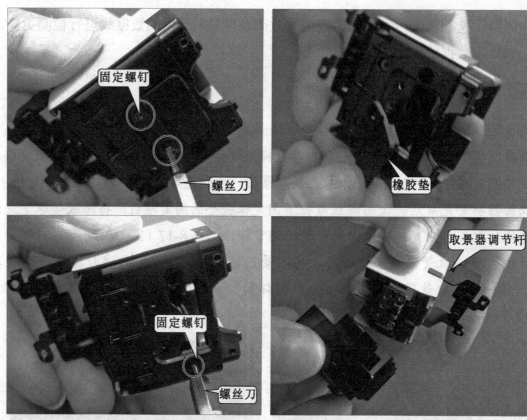

（b）拆取橡胶垫、取景器调节杆

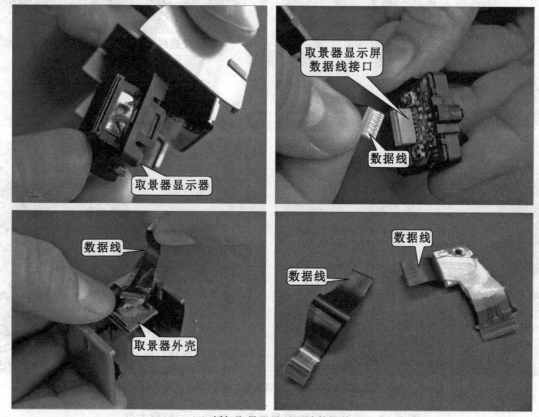

（c）拆卸取景器显示器端数据线

图8-17　数码摄录机取景器数据线损坏的检修方法（续）

3. 数码摄录机图像传感器的检修方法

数码摄录机的图像传感器发生损坏时应当根据该 CCD 图像传感器芯片的电路进行分析。

 图文讲解

CCD 图像传感器芯片电路如图 8-18 所示。可以看到，CCD 图像传感器芯片的①管脚、②管脚、③管脚、④管脚为该芯片的垂直驱动脉冲信号输入端，⑪管脚、⑫管脚为水平驱动脉冲信号端，⑤管脚、⑦管脚、⑨管脚为该芯片的接地端。CN5001 为该电路的输出接口，连接主板上的 CCD 图像传感器芯片接口。

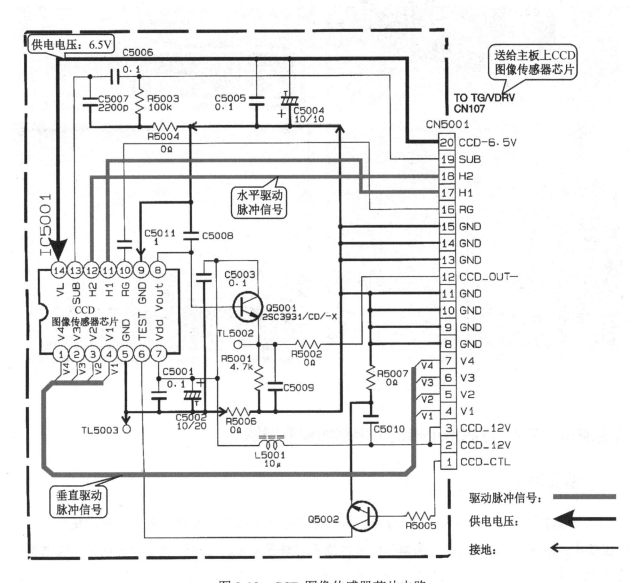

图 8-18 CCD 图像传感器芯片电路

 图解演示

CCD 图像传感器芯片的检测方法如图 9-19 所示。首先要检测 CCD 图像传感器芯片的供电电压。若 CCD 图像传感器芯片的供电不正常，则应对供电电路进行检测。若 CCD 图像传感器芯片的供电正常，则继续检测 CCD 图像传感器芯片的输出信号，若信号不良则说明 CCD 图像传感器芯片存在故障。

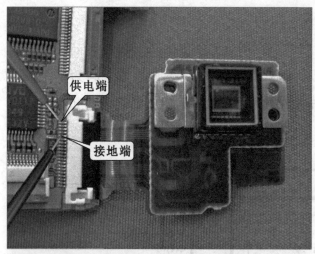

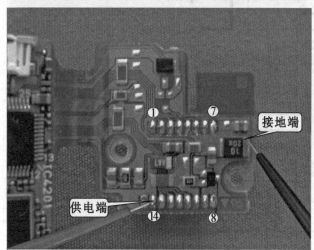

图 8-19　CCD 图像传感器芯片的检测方法

技能演示 8.2.2　数码摄录机供电电路的检修训练

 图文讲解

　　数码摄录机供电电路如图 8-20 所示，该部分电路主要由电池接口、电源适配器接口、电源管理芯片、插接件、开关场效应晶体管以及外围元器件等构成。电源管理芯片是电源供电电路中的核心元器件，由电池接口或电源适配器为电源管理芯片提供工作电压。当摄录机开机后，电源管理芯片工作并输出多路 PWM 脉冲信号，经多个场效应晶体管输出开关脉冲，为主电路板、变焦组件、监视器 LCD、系统控制电路、摄录机的 CPU 等提供工作电压。

　　检测数码摄录机供电电路的重点是检测熔断器、接插件、电源管理芯片及主要外围元件。

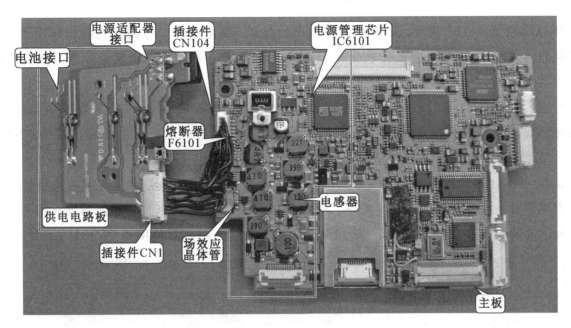

图 8-20　数码摄录机供电电路

 图解演示

熔断器 F6101 的检测方法如图 8-21 所示。

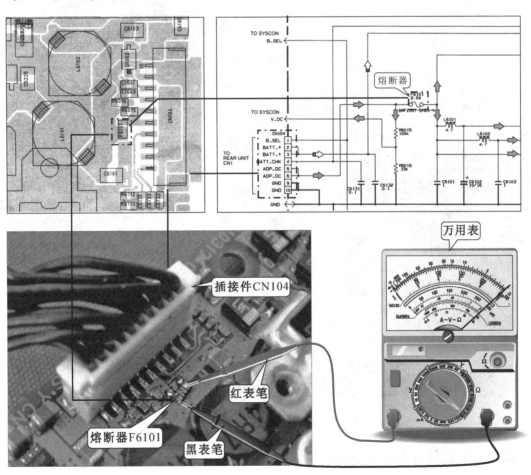

图 8-21　熔断器 F6101 的检测方法

怀疑熔断器 F6101 烧坏，应根据电路图中的标识，在元器件分布图中查找出熔断器 F6101 和插接件 CN104。首先检查元件表面是否正常，看有无烧焦、引脚断裂等现象，然后使用万用表对其进行检测。正常情况下，熔断器的阻值应趋于 0。

　　对于插接件 CN104 的检测则主要检测其输出电压是否正常。检测前先将数码摄录机通电，连接电源适配器，按下电源按键，使其处于开机状态。然后使用万用表检测插接件 CN104，看电源适配器输入电压端是否有电压输出，以判断其好坏。

　　插接件 CN104 的检测方法如图 8-22 所示，将万用表黑表笔接地，红表笔接在电源适配器电压输出端⑤管脚或⑥管脚。正常情况下，若插接件 CN104 正常，则电源适配器电压输出端的⑤管脚和⑥管脚均应有 3V 电压输出；若检测不到输出电压，则说明插接件 CN104 存在故障。

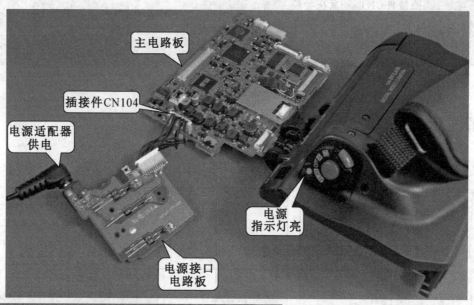

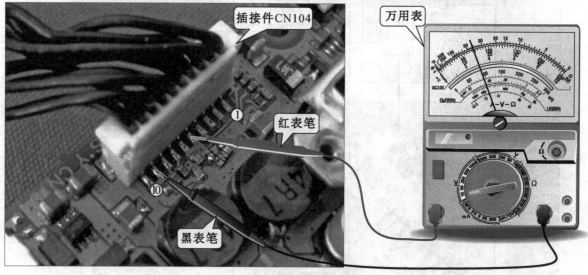

图 8-22　插接件 CN104 的检测方法

　　若熔断器与电源接口电路连接插件都正常，还应对供电电路中的电源管理芯片 IC6101 进行检测。

首先检测电源管理芯片的供电电压是否正常，电源管理芯片 IC6101 的检测方法如图 8-23 所示。检测前应先根据电路图找到电源管理芯片供电电压端的外围电感器 L6101，并根据电路图查找出电源管理芯片 IC6101 和电感器 L6101 的位置，与电路板上的元件相互对应，以便于检测。然后将黑表笔搭在接地端，红表笔搭在电感器 L6101 的引脚端，对电源管理芯片 IC6101 的供电电压进行检测。正常情况下，电源管理芯片的供电电压应为 3V。

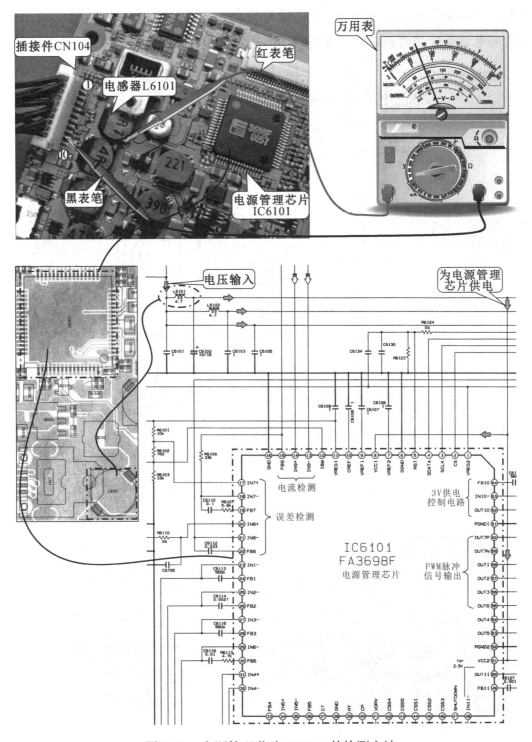

图 8-23　电源管理芯片 IC6101 的检测方法

　　若电源管理芯片 IC6101 的供电电压正常，继续检测电源管理芯片 IC6101 的输出电压（场效应晶体管 Q6210 为待测点），如图 8-24 所示。先通过电路图查找出电源管理芯片 IC6101 电压输出端⑬管脚~⑩管脚的外围元器件。可以看到，电源管理芯片 IC6101 的⑬管脚的外围元器件为场效应晶体管 Q6210，根据元器件分布图的位置在电路板中找出电源管理芯片 IC6101 及外围场效应晶体管 Q6210 的位置，然后将黑表笔搭在接地端，红表笔搭在场效应晶体管 Q6210 的③管脚处，对电源管理芯片 IC6101 的⑬管脚输出电压进行检测。若电源管理芯片没有电压输出，则说明电源管理芯片损坏，需要更换。

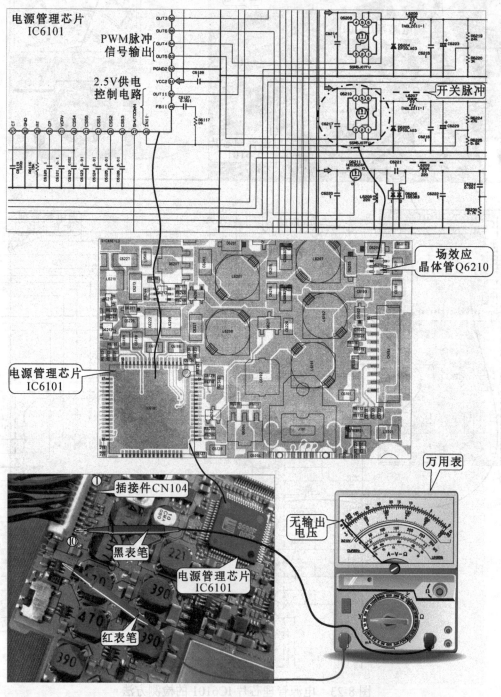

图 8-24　检测电源管理芯片 IC6101 的输出电压（场效应晶体管 Q6210 为待测点）

资料链接

电源管理芯片 IC6101 各输出引脚的输出电压值见表 8-1。

表 8-1　电源管理芯片 IC6101 各输出引脚的输出电压值

引脚	输出电压	引脚	输出电压	引脚	输出电压	引脚	输出电压
㉝	10V	㉟	9V	㊲	8.5V	㊴	空脚
㉞	10V	㊱	7V	㊳	7.5V	㊵	10V

技能演示 8.2.3　数码摄录机液晶屏及接口电路的检修训练

对数码摄录机液晶屏及接口电路进行检测时，通常要对数码摄录机的液晶屏进行拆卸，然后使用万用表对其内部主要部件和电路进行检测。

1. 拆卸数码摄录机液晶屏及接口电路

图解演示

数码摄录机液晶屏的拆卸操作过程如图 8-25 所示。首先打开液晶屏上的金属支架，将接口处的轴转至纵向，然后用螺丝刀将液晶屏侧面及接口处的固定螺钉取下，如图 8-25（a）所示。

液晶屏内部结构如图 8-25（b）所示。拆卸固定螺钉后，用一字螺丝刀将液晶屏撬开即可看到数码摄录机液晶屏的内部电路。

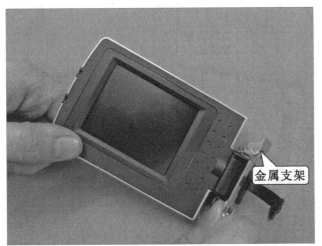
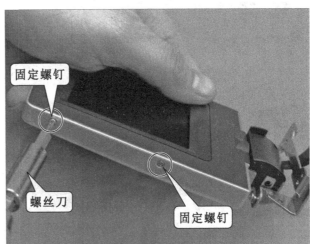

（a）拆卸液晶屏侧面及接口处的固定螺钉

图 8-25　数码摄录机液晶屏的拆卸操作过程

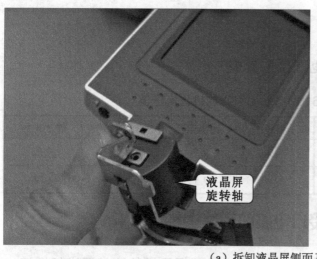
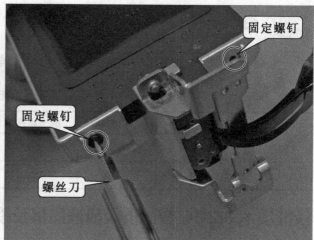

（a）拆卸液晶屏侧面及接口处的固定螺钉

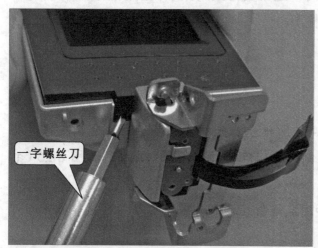
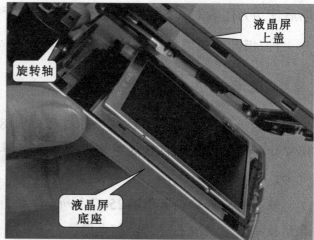

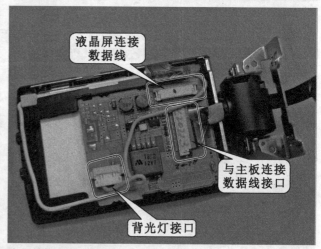

（b）液晶屏内部结构

图 8-25　数码摄录机液晶屏的拆卸操作过程（续）

2. 背光灯的替换

背光灯的损坏和老化是数码摄录机液晶屏经常出现的故障。若检测到背光灯故障，则需对液晶屏中的背光灯进行替换。背光灯的替换操作如图 8-26 所示。

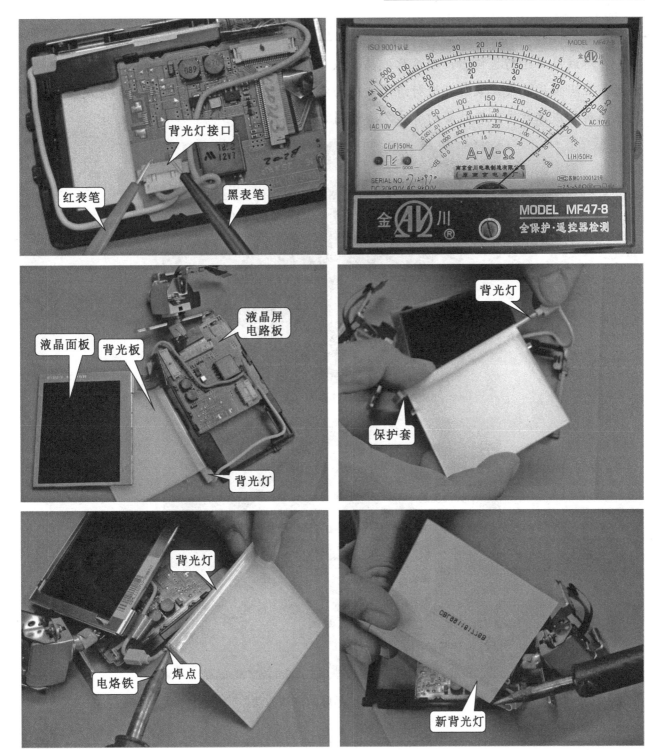

图 8-26 背光灯的替换操作

 图解演示

　　将万用表调整至欧姆挡，使用红、黑表笔搭在背光灯接口的两端，然后将背光灯两端的保护套取下，使用电烙铁将背光灯两端的焊点焊开，安装新的背光灯并将其通电测试，若液晶屏可以正常显示，则故障排除。

提示

在对液晶屏进行检修时，应注意液晶面板是非常脆弱的，不要将其损坏。在将其重新安装时，应当使用吹气皮囊对其进行清洁，因为液晶面板是双面透光的，若内部有灰尘会影响到液晶屏的成像效果。液晶屏的清洁方法如图 8-27 所示。

液晶屏

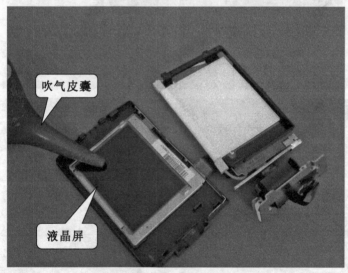

吹气皮囊

液晶屏

图 8-27 液晶屏的清洁方法

技能演示 8.2.4 数码摄录机控制电路的检修训练

 图文讲解

数码摄录机摄像部分控制电路的检修分析框图如图 8-28 所示。

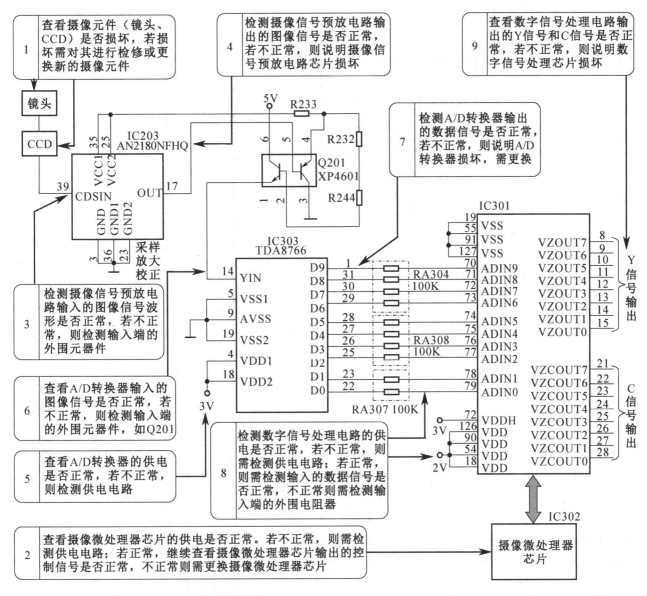

图 8-28 数码摄录机摄像部分控制电路的检修分析框图

对数码摄录机控制电路部分的检测，主要是对各功能电路主要控制芯片的供电条件以及信号进行测量。

 图文讲解

以视频信号处理芯片为例，数码摄录机控制电路中的视频处理单元电路如图 8-29 所示，用于对录/放视频时的信号进行处理。数码摄录机视频电路元器件分布图如图 8-30 所示。

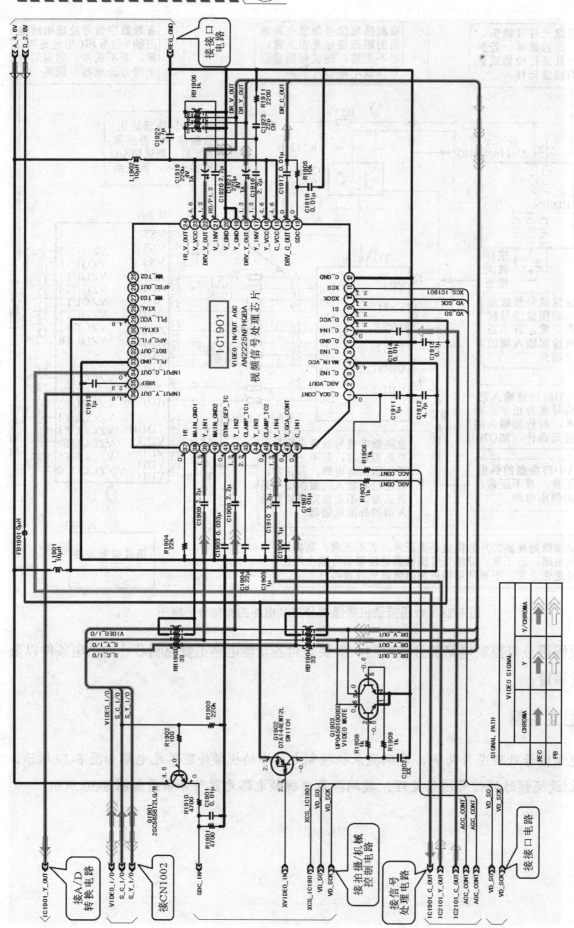

图 8-29 数码摄录机控制电路中的视频处理单元电路

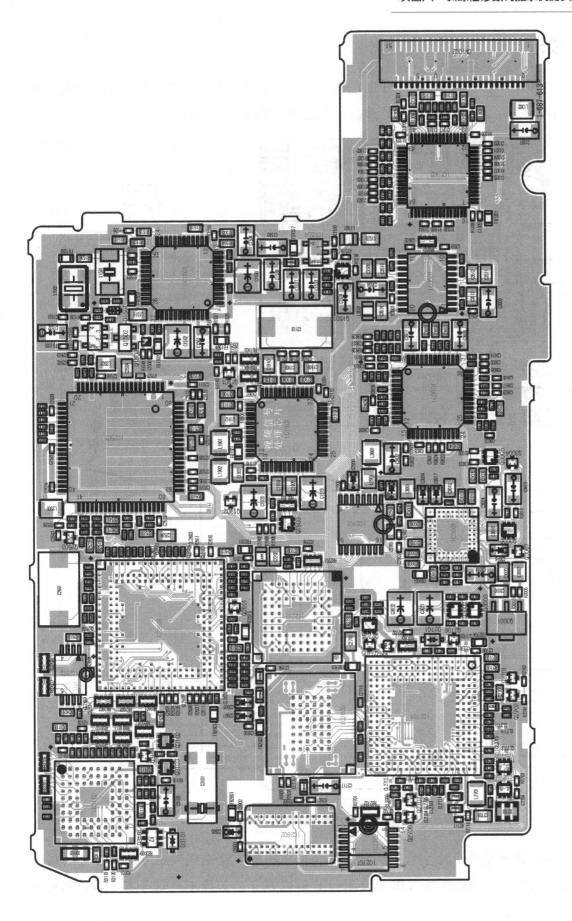

图 8-30 数码摄录机视频电路元器件分布图

图解演示

在元器件分布图中找到 IC1901 的外围电感器 L1901 和 L1902，在通电状态下检测两个电感器是否有 4.6V 电压。视频信号处理芯片的供电检测如图 8-31 所示。

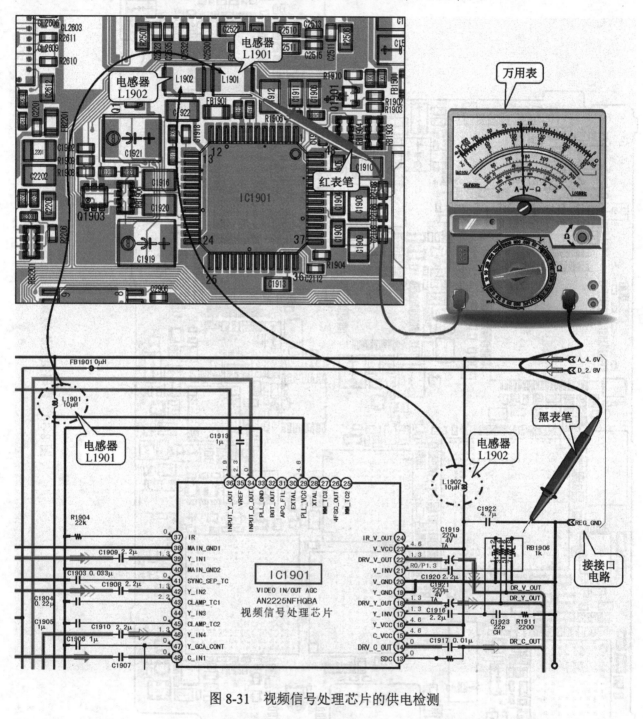

图 8-31　视频信号处理芯片的供电检测

若供电正常，保持摄录机处于录制视频文件的工作状态，检测视频信号处理芯片的信号输出。视频信号处理芯片的色度输入信号检测如图 8-32 所示。若检测的信号有异常，则可对怀疑的元器件进行更换。

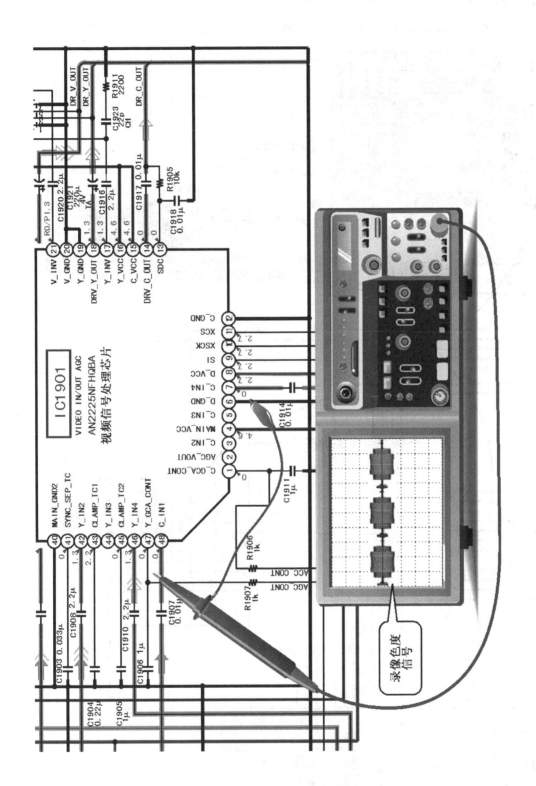

图 8-32 视频信号处理芯片的色度输入信号检测

保持通电状态，将摄录机调至播放视频状态，使用示波器检测 IC1901 相关引脚的输出信号波形，如图 8-33 所示。若无输出信号，则说明视频信号处理集成电路可能损坏。

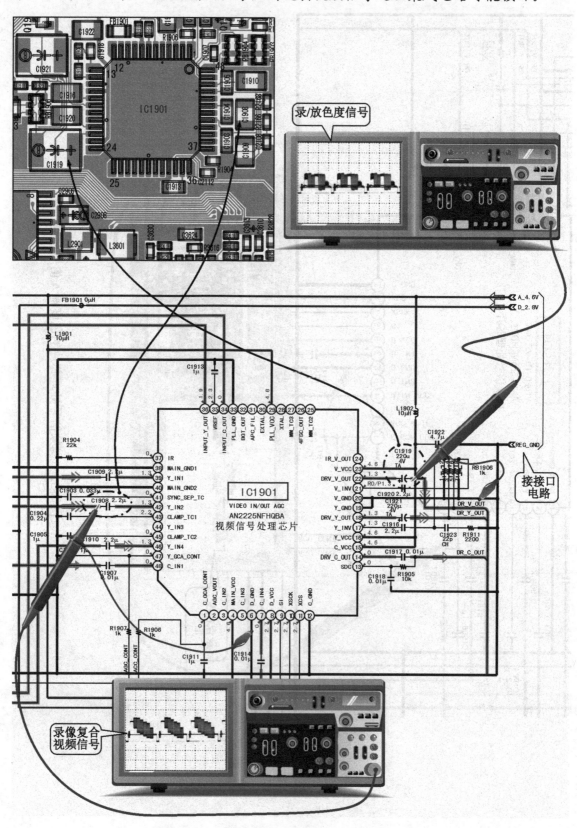

图 8-33　IC1901 相关引脚的输出信号波形检测

资料链接

视频信号处理芯片构成视频信号处理电路 IC1901 相关引脚的信号输出波形对照如图 8-34 所示，检测时可根据图示对照进行测量。

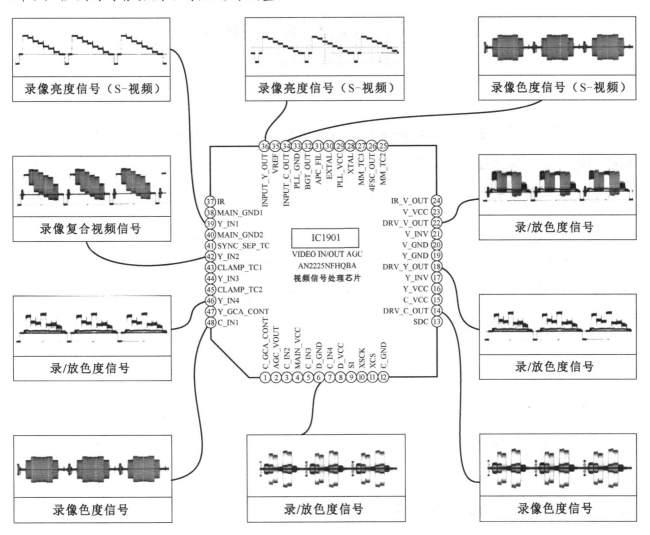

图 8-34　视频信号处理芯片构成视频信号处理电路 IC1901 相关引脚的信号输出波形对照

反侵权盗版声明